建设机械岗位培训教材

装载机安全操作与使用保养

住房和城乡建设部建筑施工安全标准化技术委员会
中国建设教育协会建设机械职业教育专业委员会 组织编写

中国建筑工业出版社

图书在版编目（CIP）数据

装载机安全操作与使用保养／住房和城乡建设部建
筑施工安全标准化技术委员会，中国建设教育协会建设机
械职业教育专业委员会组织编写. —北京：中国建筑工
业出版社，2021.10
建设机械岗位培训教材
ISBN 978-7-112-26508-4

Ⅰ. ①装… Ⅱ. ①住… ②中… Ⅲ. ①装载机－岗位
培训－教材 Ⅳ. ①TH243

中国版本图书馆 CIP 数据核字（2021）第 171572 号

本书依据最新标准规范编写，配图丰富，通俗易懂，主要内容包括行业认知、设
备认知、安全操作规程与标准规范、驾驶与操作、施工作业、使用保养与维护、装载
机本身的安全标志、施工现场的安全标志、装载机常见故障排除对照表。本书可作为
相关人员上岗培训教材，也可作为相关专业师生的教学用书。

责任编辑：李　明
助理编辑：葛又畅
责任校对：张惠雯

建设机械岗位培训教材
装载机安全操作与使用保养
住房和城乡建设部建筑施工安全标准化技术委员会
中国建设教育协会建设机械职业教育专业委员会　组织编写

*

中国建筑工业出版社出版、发行（北京海淀三里河路 9 号）
各地新华书店、建筑书店经销
北京红光制版公司制版
廊坊市海涛印刷有限公司印刷

*

开本：787 毫米×1092 毫米　1/16　印张：7½　字数：183 千字
2021 年 12 月第一版　　2021 年 12 月第一次印刷
定价：**28.00** 元
ISBN 978-7-112-26508-4
（38066）

建设机械岗位培训教材编审委员会

徐州徐工基础工程机械有限公司

徐州徐工施维英机械租赁有限公司

徐州海伦哲专用车辆股份有限公司

中国建筑一局（集团）有限公司北京公司

广西建工集团基础建设有限公司

陕西建设机械股份有限公司

中国建设教育协会培训中心

中国建设教育协会继续教育专业委员会

中国工程机械工业协会工程机械租赁分会

中国工程机械工业协会用户工作委员会

中国工程机械工业协会施工机械化分会

建研机械检验检测（北京）有限公司

廊坊凯博建设机械科技有限公司

雄宇重工集团股份有限公司

合肥湘元工程机械有限公司

河南省建设安全监督总站

长安大学工程机械学院

沈阳建筑大学机械学院

浙江公路技师学院

北京燕京工程管理有限公司

中国建设劳动学会建设机械职业技能考评专业委员会

中国建设教育协会建设机械领域骨干会员单位

前　言

我国装载机技术发展史比较短，但发展速度很快，从 1966 年广西柳工机械股份有限公司制造出我国第一台轮式装载机 Z435 开始至今已 50 多年历史。装载机作为土方机械中的主要机种，已广泛应用于土石方作业、路桥施工、矿山工程、水利水电、应急抢险等工程领域。随着机械化施工的普及，作业人员对装载机设备操作、维修保养及其在施工中的综合运用等提出了知识更新的需求。

为推动建设机械和机械化施工领域岗位能力培训工作，中国建设教育协会建设机械职业教育专业委员会联合中国建筑科学研究院有限公司建筑机械化研究分院、北京建筑机械化研究院有限公司、住房和城乡建设部施工安全标准化技术委员会共同设计了建设机械岗位培训教材的知识体系和岗位能力的知识结构框架，并启动了岗位培训教材研究编制工作，得到了行业主管部门、高校院所、行业龙头骨干厂商、中高职业院校会员单位和业内专家的大力支持。

本书全面介绍了行业知识、岗位能力要求、装载机结构原理、设备操作与使用保养、装载机驾驶、安全作业与工法运用以及装载机在各领域的应用，对于普及土方作业机械化施工知识将起到积极作用。本书既可作为施工作业人员上岗培训之用，也可作为中高职业院校相关专业教材。因作者水平有限，编写过程如有不足之处，欢迎广大读者提出意见建议。

本书由北京建筑机械化研究院有限公司刘承桓担任主编，中国建筑科学研究院有限公司建筑机械化研究分院张磊庆和北京建筑机械化研究院有限公司席少飞担任副主编，长安大学工程机械学院王进教授、北京建筑机械化研究院有限公司王平研究员担任主审。

本书包括六章和三个附录，共九部分，具体编写分工如下：第一章由中国建筑科学研究院有限公司建筑械化研究分院张磊庆、北京建筑机械化研究院有限公司鲁卫涛编写；第二章由北京建筑机械化研究院有限公司席少飞、刘承桓编写；第三章由北京建筑机械化研究院有限公司刘承桓、孟竹编写；第四章由北京建筑机械化研究院有限公司刘承桓、席少飞编写；第五章由北京建筑机械化研究院有限公司蒋燕，建研机械检验检测（北京）有限公司华福虎编写；第六章由北京建筑机械化研究院有限公司刘承桓，中国建筑科学研究院有限公司建筑机械化研究分院韩茂、安志芳、孙昕编写；附录一由中国建筑科学研究院有限公司建筑机械化研究分院杨晶晶、张磊庆编写；附录二由张家港市建设工程质量检测中心吴亚进，中国建设劳动学会建设机械职业技能考评专业委员会夏阳编写；附录三由北京建筑机械化研究院有限公司刘承桓，中国建设教育协会建设机械职业教育专业委员会秘书处于国红、杜文文、王肖妹、唐绮编写。全书由刘承桓统稿。

本书在编写过程中得到了中国建设教育协会建设机械职业教育专业委员会各会员单位的大力支持。卡特彼勒、中联重科、三一重工、柳工、徐工集团、中建机械、神钢建机

（成都）、小松、陕西建机、山推、厦工、大宇等行业单位积极提供案例素材。本书可作为装载机岗位公益类培训教材，所选作业场景、产品图片均属善意使用，编写团队对装载机厂商品牌无任何倾向性。在此，谨向成书过程中与编制组分享并提供宝贵资料、图片和案例素材的机构、厂商、学校、教师和业内人士一并致谢。

目　　录

目 录

第一章　行业认知

第一节　产品简史

世界上最早的装载机出现于 20 世纪 20 年代早期，由英国 E. Boydelland Co 公司（1968 年被 Babcockand Wilcox 公司收购，后改名为 Muir-Hill 公司）用 28 马力的福特森农用拖拉机底盘改装制造而成，斗容为 0.38m³（图 1-1）。同一时代美国克拉克公司也制造出了采用钢丝绳提斗式，斗容为 0.753m³，载重为 680kg 的轮式装载机。

20 世纪 30 年代生产制造的轮式装载机仍然使用机械系统驱动机械臂的方式来工作（图 1-2）。20 世纪 40 年代后期美国克拉克公司用液压连杆机构，取代了门架式结构，并采用专用底盘，制造了新一代的轮式装载机，这是装载机发展过程中的第一次重大突破（图 1-3）。

图 1-1　世界上第一台轮式装载机　　　　图 1-2　20 世纪 30 年代的装载机

20 世纪 50 年代中期美国开始采用液力机械传动技术，同时车架结构采用三点支承，发动机后置，形成了柴油机—液力变矩器—动力换挡变速箱—双桥驱动的传动结构，这是装载机发展过程中的第二次重大突破（图 1-4）。20 世纪 60 年代，装载机制造开始弃用刚性车架，转而采用铰接式车架，生产效率提高 50%，这是装载机发展过程中的第三次重

图 1-3　20 世纪 40 年代的装载机　　　　图 1-4　20 世纪 50 年代的装载机

大突破（图１５）。

20世纪70年代至80年代，装载机技术的发展方向是整机安全防护、操作方便、维修便捷、节能环保、驾驶舒适等方面，20世纪末，装载机产品的系列化、成套化、多品种化成为技术发展的主要趋势（图1-6）。

图1-5　20世纪60年代的装载机

图1-6　20世纪70、80年代的装载机

目前，最小的装载机只有几百公斤的整机重量，使用蓄电池驱动，用于通风不畅、相对封闭的作业环境（图1-7）。全球最大的装载机是美国勒图尔勒公司生产的勒图尔勒50系列采矿型装载机 L-2350，其功率达到了 2333 马力、铲斗容量达到了 40m³（图1-8）。

图1-7　最小装载机

图1-8　最大装载机

国内装载机技术发展史较短，但发展速度很快，1963年日本在我国展出了一台轮式装载机 125A，展出结束后，当时的机械工业主管部门将该展出样机送给了天津工程机械研究所进行研究、测绘，仿制并将图样交由柳工，并在 1966 年由柳工制造出我国第一台轮式装载机 Z435（功率：100kW；斗容量：1.7m³）（图1-9）。Z435 型装载机为整体机架、后桥转向。经过几年的努力，我国开发成功了铰接式轮式装载机，定型为 Z450，并于 1971 年正式通过专家鉴定，该机总体技术水平在国际上属于 20 世纪 60 年代水平，首台国产铰接式轮式装载机的诞生开辟了我国装载机行业发展的新时期（图1-10）。

1977 年"成都工程机械厂"联合天津工程机械研究所联合设计 ZL20 型和 ZL30 型轮式装载机。1978 年天工所制定出以 Z450 为基型的我国轮式装载机系列标准。系列标准中的命名标准中用"Z"代表装载机，用"L"取代"4"代表轮式，改"Z450"为"ZL50"，制定出了以柳工 ZL50 型为基型的我国 ZL 轮式装载机系列标准。按当时的行业分工，柳工、厦工制造 ZL40 以上大中型装载机，成工、宜工制造 ZL30 以下中小型装载机，从而形成柳工、厦工、成工和宜工四大装载机骨干企业。

图 1-9 我国第一台轮式装载机

图 1-10 我国首台铰接式轮式装载机

1986 年中国与美国卡特彼勒公司签订了技术转让合同，中国工程机械行业开始了一段长达十年之久的向西方取经的历程。经过十年努力，国内企业在消化吸收国外先进技术的基础上，开发成功了我国第二代装载机产品。1999 年，在消化吸收国际前沿技术的基础上，徐工率先在中国开发了第三代装载机的代表机型 ZL50G（图 1-11）。

图 1-11 第三代装载机

2002 年，徐工开发了第四代"机器人化装载机"，该机能够实现全智能控制。

2016 年，徐工正式发布了"铲运生态＋"暨 V 系列新产品，标志着中国第五代"智能化装载机"正式投放市场，一举推动装载机产业结构朝着高端技术方向发展。

第二节 国内现状及趋势

一、技术现状

目前我国装载机的主要品种有轮式前铲装载机、夹木式装载机、伸缩臂式装载机、滑移式装载机、井下装载机以及履带式装载机等。据初步统计，现今我国仍在生产的装载机有百余种，产量最大的是液压轮式装载机，产品结构形式以铰接式车架、液力传动为主，市场上的轮式装载机为第三代产品，其基本的结构仍然是由 Z450（ZL50）演变而来。

我国装载机机型主要集中在 2t 级、3t 级（包括 3.5t 级）、4t 级和 5t 级等机型上，2～

5t 级机型自主品牌国内市场占有率已达 97% 以上。6～10t 级产品国内只有柳工、厦工、徐工和临工等少数几个企业有成型的产品和技术，6t 级以上，特别是 8t 级以上的大吨位机种，国内自主品牌成熟的产品不多，主要是使用进口或合资、独资企业产品。

国内大部分厂家的产品都强调一机多用，厂家通过对液压系统的设计使得工作装置能够完成多种作业，通过安装在工作装置上的快速可更换连接装置，实现了作业现场各种附属装置的快速装卸及液压软管的自动连接，司机在驾驶室内只需几分钟就可以轻而易举地完成附具换装。装载机可换装几种到几十种，甚至上百种不同的作业装置，如各种用途的铲斗、装卸叉、吊具、清扫装置、夹草叉、除雪铲、路面铣刨器具、压实器具、破碎器具、地表钻等，以便进行装载、铲平、搬运、挖掘、清理等作业（图 1-12）。

虽然我国已拥有装载机设计、生产、优化的先进技术，但是与国外先进产品相比仍有一定差距，这些差距的存在使我国装载机行业在海外市场上竞争力并不强，主要表现在以下几个方面：

（1）我国装载机在可靠性方面与国外装载机相比差距明显，使用寿命低于国外同类

图 1-12　常用装载机附具

（a）夹管叉；（b）侧卸铲斗；（c）夹草叉；（d）夹木叉 ；（e）标配斗；

（f）平口砂料斗（g）平叉；（h）推雪铲；（i）快换装置

产品。

（2）在8t以上的大型装载机产品研发上，国外产品占据主导地位，国内产品整机技术研发水平仍需要提高。

（3）高性能发动机和高性能液压元件等关键部件仍需进口。

（4）安全性与舒适性设计、节约技术和能源技术应用方面仍需提升。

二、发展趋势

国产装载机技术发展的主要趋势如下：一是着力提升产品的可靠性，优化各类性能指标，从整体结构布局以及局部零部件的设计研发等方面出发来提高产品的强度和可靠性，以应用新工艺、新技术、新原料为主要途径来提升整机寿命；二是加大高端发动机、驱动桥、变速器、泵、阀等装载机基础零部件的研发，实现高端配件国产化；三是摆脱低价竞争模式，研发和设计高水平、高质量、高性价比的装载机。高端产品应普遍使用高性能发动机和自动换挡变速器、大流量负荷传感液压系统、前后防滑差速器、多片湿式盘式制动器、行走颠簸减振等先进技术；四是综合应用液压控制、电子信息技术和智能化技术，推出具有国际先进水平并包含自主品牌技术特点的装载机，强化行业竞争力。

装载机在未来将广泛应用计算机辅助驾驶系统、信息管理系统、故障自诊断系统、自动报警系统及安装GPS定位、辅助施工装置和质量自动称量装置等新设备；其行业技术发展趋势将集中在以下几个方面：

（1）产品系列化；

（2）多用途，微型化；

（3）特大型，高卸位化；

（4）信息化与智能化；

（5）不断创新的结构设计；

（6）安全性、舒适性和可靠性；

（7）节能与环保。

第三节　职业道德

职业道德是指所有从业人员在职业活动中应该遵循的行为准则，是一定职业范围内的特殊道德要求，即整个社会对从业人员的职业观念、职业态度、职业技能、职业纪律和职业作风等方面的行为标准和要求。职业道德属于自律范围，其通过公约、守则等对职业生活中的某些方面加以规范。

一、建筑从业人员共同职业道德规范

（1）热爱事业，尽职尽责：

热爱建筑事业，安心本职工作，树立职业责任感和荣誉感，发扬主人翁精神，尽职尽责，在工作中不怕苦，勤勤恳恳，努力完成任务。

（2）努力学习，苦练硬功：

努力学文化，学知识，刻苦钻研技术，熟练掌握本工种的基本技能，练就一身过硬本领。努力学习和运用先进的施工方法，钻研建筑新技术、新工艺、新材料。

（3）精心施工，确保质量：

树立"百年大计、质量第一"的思想，按设计图纸和技术规范精心操作，确保工程质量，用优良的成绩树立工人形象。

（4）安全生产，文明施工：

树立安全生产意识，严格安全操作规程，杜绝一切违章作业现象，确保安全生产无事故。维护施工现场整洁，在争创安全文明标准化现场管理中做出贡献。

（5）节约材料，降低成本：

发扬勤俭节约优良传统，在操作中珍惜一砖一木，合理使用材料，认真做好落手清、现场清，及时回收材料，努力降低工程成本。

（6）遵章守纪，维护公德：

服从上级领导和有关部门的管理，争做文明员工，模范遵守各项规章制度，发扬团结互相精神，尽力为其他工种提供方便。

二、中小型机械操作工职业道德规范包括

（1）集中精力，精心操作，密切配合其他工种施工，确保工程质量，使工程如期完成。

（2）坚持"生产必须安全，安全为了生产"的意识，安全装置不完善的机械不使用，有故障的机械不使用，不乱接电线，爱护机械设备，做好维护保养工作。

（3）文明操作机械，防止损坏他人和国家财产，避免机械噪声扰民。

第二章　设备认知

第一节　设备概述

一、设备简介

装载机是通过机器向前运动进行装载或挖掘的循环作业式机械。装载机可分别实现前进、铲装、后退、转向、卸载五个作业动作，用以装卸成堆的散装物料的土石方施工机械，轮胎式装载机以车架为基础，履带式装载机以履带式车辆专用底盘为基础（图2-1）。

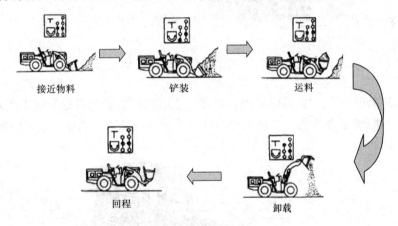

接近物料　　　铲装　　　运料

回程　　　卸载

图 2-1　装载机作业过程

装载机可完成装、运、卸、清理平场等工作，广泛用于公路、铁路、建筑、水电、港口、矿山等建设工程，主要用于铲装土壤、砂石、石灰、煤炭等散状物料，也可对矿石、硬土等进行轻度挖铲作业。其换装不同的辅助工作装置还可进行推土、起重和其他物料，如木材的装卸作业。在道路，特别是在高等级公路施工中，装载机用于路基工程的填挖、沥青混合料和水泥混凝土料场的集料与装料等作业。此外，还可进行推运土壤、刮平地面和牵引其他机械等作业。由于装载机具有作业速度快、效率高、机动性好、操作轻便等优点，因此其成为工程建设中土石方施工的主要机种之一。

基本动作：①铲斗升降；②铲斗转动；③整机进退。

作业循环：①铲斗平放，向前铲掘；

②转斗装料，后退（斗口始终向上）；

③铲斗举升（斗口保持水平），卸料；

④落斗自动放平，转向或前行装料；

⑤平场时铲斗浮动，亦可拨料。

经济运距：履带式<100m；轮胎式<150m。

二、整机总体构造

轮胎式装载机（图2-2）由动力系统、车架、行走装置、传动系统、转向系统、制动系统、液压系统和工作装置等组成。

图 2-2 轮胎式装载机总体构造

履带式装载机（图2-3）是以专用底盘或工业拖拉机底盘为基础，装上工作装置、四轮一带（行走机构）、发动机、传动系统、液压系统并配装适当的操纵系统的装载机。

图 2-3 履带式装载机总体构造

第二节 分类与型号

一、装载机分类

装载机可按发动机功率、传动方式、行走方式、装载方式进行分类（表2-1）。

	分类特征		备注
发动机功率	小型		发动机功率小于 74kW
	中型		发动机功率大于 74kW 小于 147kW
	大型		发动机功率大于 147kW 小于 515kW
	特大型		发动机功率大于 515kW
传动方式	机械传动		采用机械式离合器和变速箱等的机械元件来传递动力
	液力传动		如动力传递是采用的液力变矩器则为液力传动式
	液压传动		全液压装载机
	电传动		动力由发动机提供，驱动带有集成泵的发电机组，由集成电子驱动模块控制将电能传递由变频电动机通过立式齿轮箱驱动桥轴
行走方式	轮胎式	铰接	制造成本低，行走速度快，重量轻、工效高，机动灵活，用途广泛
		整体	
	履带式		接地比压小，重心低，稳定性好，可在湿地上作业，而且由于履带接地面积大，不易打滑，所以广泛地应用在矿山上进行装载作业
装载方式	前卸式		结构简单、工作可靠、视野好，适合于各种作业场地，应用较广
	回转卸料式		工作装置安装在可回转 360° 的转台上，侧面卸载不需要调头、作业效率高，但结构复杂、质量大、成本高、侧面稳定性较差，适用于较狭小的场地
	后卸式		前端装、后端卸、作业效率高、作业的安全性欠佳
	侧卸式		配置有可正向、左右侧向卸料的铲斗，除了具有普通型铲斗的功能外，尤其适用于隧道开挖和窄小场地施工作业使用，可与配套运输车辆并行穿梭作业，不需整机转向调头等操作动作，减少了作业循环时间，提高了工作效率

装载机分类表　　　　　　　　　　　　　　　　　　　　表 2-1

二、装载机型号

（一）国内装载机编号依据

国内轮式装载机的编号一般都参考《土方机械　产品型号编制方法》JB/T 9725—2014 的规定。产品型号按制造商代码（是否有，可由制造商自定）、产品类型代码、主参数代码及变型（或更新）代码的原则编制，以简明易懂、同类间无重复型号为基本原则（图 2-4）。

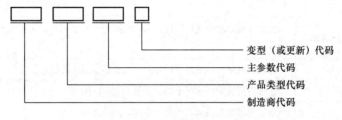

　　　　　　　　　　　　　　　　　　　变型（或更新）代码
　　　　　　　　　　　　　　　　　主参数代码
　　　　　　　　　　　　　　产品类型代码
　　　　　　　　　　　制造商代码

图 2-4　轮式装载机的编号

部分企业参考国家/行业标准编制了适合本企业产品发展的企业编号标准，以体现自己产品的特色，尽管编号各行其是，但是主参数均应为额定工作荷载。具体型号的意义请参见生产厂家的产品型号及代号编制方法。

例：以下是几个 5t 装载机型号。

柳工：CLG856（图 2-5）

徐工：LW500K

厦工：XG958

临工：LG952

龙工：LG855B

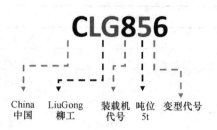

图 2-5　型号示例

（二）装载机的主要性能参数

装载机的主要性能参数如表 2-2、图 2-6 所示。

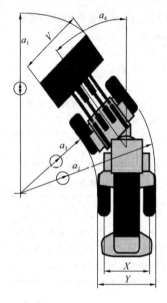 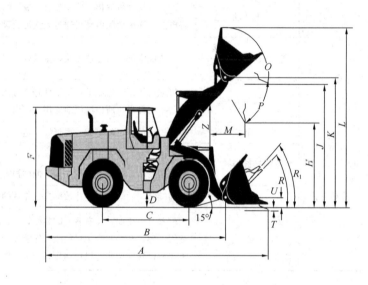

图 2-6　装载机的主要性能参数示意图

主要性能参数　　　　　　　　　　　　　　　　　　　　　　　　表 2-2

符号	参数	定义
a_1	装载机通过直径	装载机在极限转弯条件下转弯时，整机（包括工作装置）最外一点在地面上投影所形成的最大轨迹圆的直径
a_2	外侧轮胎通过直径	机器在极限转弯条件下转弯时，外侧轮胎最外一点，在地面上投影所形成轨迹圆的直径
a_3	内侧轮胎通过直径	机器在极限转弯条件下转弯时，内侧轮胎最里一点，在地面上投影所形成轨迹圆的直径
a_4	最大转向角	机器在极限转弯条件下转弯时，前桥绕铰接中心的最大转角
X	轮距	通过两侧轮胎对称中心的两个平面之间的距离
Y	轮宽	通过两侧轮胎最远点的两个平面之间的距离
V	铲斗宽度	通过铲斗两侧最远点的两个平面之间的距离
A	整机长度（带铲斗）	通过机器最后点和切削刃的最前点（铲斗的底部水平地放在地面上）的两个平面之间的距离

符号	参数	定义
C	轴距	车架对直时，通过前后桥中心间两个平面间的距离
D	最小离地间隙	机器最低位置与地面间的距离
F	车高（驾驶室顶棚）	驾驶室顶棚与地面间的距离
H	最大卸载高度	铲斗铰轴在最大高度，铲斗处于45°卸载角（如果卸载角小于45°时，指明该卸载角）时，铲斗切削刃的最低点与基准地平面之间的距离
M	卸载距离	铲斗铰轴在最高位置并且铲斗处于最大卸载角时，机器最前点（包括轮胎、履带或装载机车架）与铲斗切削刃的最前点的两个平面之间的距离
K	最大提升时的铰轴高度	铲斗处于最大提升高度，铲斗铰轴中心线与基准地平面之间的距离
L	最大提升时的整机高度	铲斗处于最大提升高度，能达到的最高点与基准地平面之间的距离
O	最大提升时的最大翻转角	提升臂处于最大提升位置，铲斗切屑刃从水平位置到最大翻转位置时的角度
P	卸载角	铲斗在最大提升位置，铲斗内底面最长的平板部分，在水平线以下旋转的最大角度
R	在地平面时的最大翻转角	动臂没有运动，切屑刃的底部从基准地平面上开始翻转的最大翻转角度
R_1	在运料位置时的最大翻转角	提升臂在运料位置，铲斗切屑刃从水平位置到最大翻转位置时的角度
T	挖掘深度	铲斗切屑刃在最低位置并处于水平时，铲斗切屑刃的底部与基准地平面之间的距离
U	运料位置（高度）	铲斗向后最大翻转时，铲斗或提升臂（取低者）最低点的接近角在15°时，铲斗铰轴中心线与基准地平面之间的距离
	整机质量	指机器装备应有的工作装置和随机工具，加满燃油、液压油等以及司机的标定质量（75kg±3kg）
	倾翻载荷	动臂在最大平伸位置（或规定高度），使装载机达到倾翻极限状态时，在铲斗额定容量的形心处所允许作用的最小载荷
	最大掘起力	铲斗切屑刃的底面水平并高于底部基准平面20mm时，操纵提升液压缸或转斗液压缸在铲斗切屑刃向后100mm处产生的最大的向上铅垂力
	提升时间	铲斗带有额定载重量（工作载荷），充分后翻，从基准地平面提升到最大高度时所需要的提升时间
	下降时间	使空铲斗从最高位置下降到铲斗底面与基准地平面接触时所需要的时间
	卸载时间	在最高提升位置卸除工作载荷时，使铲斗从最大后翻位置旋转到最大的卸载位置时所需要的时间
	工作装置动作三项和	指铲斗提升、下降、卸载三项时间的总和
	最大行驶速度	铲斗空载，装载机行驶于坚硬的水平面上，前进和后退各挡能达到的最大速度
	铲斗容量	一般指铲斗的额定容量，为铲斗平装容量与堆尖部分体积之和，用"m³"表示
	额定载重量	在保证装载机稳定工作的前提下，铲斗的最大载重量，单位为"kg"
	最大牵引力	指装载机驱动轮缘上所产生的推动车轮前进的作用力。装载机的附着质量越大，则可能产生的最大牵引力越大，单位为"kN"
	发动机额定功率	发动机额定功率又称发动机标定功率或总功率，是表明装载机作业能力的一项重要参数。发动机功率分为有效功率和总功率，有效功率是指在29℃和746mmHg（1mmHg＝133.322Pa）压力情况下，在发动机飞轮上实有的功率（也称飞轮功率）。国产装载机上所标功率一般指总功率，即包括发动机有效功率和风扇、燃油泵、润滑油泵、滤清器等辅助设备所消耗的功率，单位为"kW"

第三节 设备构成与工作原理

一、轮胎式装载机的基本构造

轮式装载机一般由动力系统（柴油发动机）、传动系统（变矩器、变速箱、传动轴、驱动桥、驱动轮）、液压系统（转向、工作、先导）、制动系统、电气系统、工作装置、车架、机罩和驾驶室等组成（图2-7）。

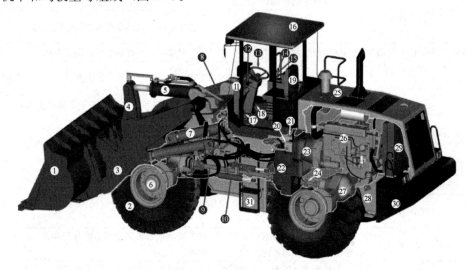

图 2-7　轮胎式装载机基本构造

1—铲斗；2—轮胎；3—动臂；4—摇臂；5—翻斗缸；6—前桥；7—动臂缸；8—前车架；9—前传动轴；10—转向油缸；11—仪表盘；12—变速操纵杆；13—方向盘；14—动臂缸操纵杆；15—翻斗缸操纵杆；16—驾驶室；17—制动踏板；18—油门踏板；19—座椅；20—工作泵；21—转向泵；22—变速箱；23—变矩器；24—后传动轴；25—机罩；26—柴油机；27—后桥；28—后车架；29—散热器；30—配重；31—液压油箱

轮式装载机动力系统一般包括柴油机、空气滤清器、消声器、散热器、油门操纵杆装置、停车（或称熄火）装置以及燃油箱、燃油滤清器、输油管路等。轮式装载机动力系统和行走装置（驱动轮）之间的传动部件总称为传动系统。

传动系统的功用是将动力系统（柴油机）输出的动力按需要传给驱动轮和其他机构（如工作油泵、转向油泵等），并解决动力系统功率输出特性和机械行走机构要求之间的各种矛盾。

液压系统包括工作液压系统和转向液压系统两部分：工作液压系统（按主阀控制方式）可分为机械操纵型工作液压系统和液控型工作液压系统，其作用是用来控制动臂和铲斗的动作。转向液压系统的功用是用来控制装载机的行驶方向，使装载机稳定地保持直线行驶且在转向时能灵活地改变行驶方向；转向液压系统其良好稳定的性能是保证装载机安全行驶、减轻驾驶员劳动强度、提高作业效率的重要因素。

装载机制动系统是用来对行驶中的装载机施加阻力迫使其降低速度或停车，以及在停车之后使装载机保持在原位置，不致因路面倾斜或其他外力作用而移动的装置。轮式装载机的行车制动系统和停车制动系统相互独立。行车制动系统用于在行驶中降低车速或使装载机停止。由于制动时由司机用脚来控制制动器故其又称脚制动系统（简称脚制动）。在脚制动系统中，装载机每个车轮轮边上均装有制动器，可直接对车轮进行制动。行车制动器利用油压工作，在操纵时采用加力器，使操纵更为轻便。停车制动系统是用于停车后保持装载机在原位置的制动系统。因制动时由司机用手来控制制动器的作用，故停车制动系统又称为手制动系统（简称手制动）。手制动系统的制动器一般装在装载机变速箱前输出轴上，作用时通过操纵手柄拉动操纵软轴，使制动蹄片张开，实现驻车制动。部分装载机上还装有紧急停车制动系统，该系统具有停车制动系统的功用，并可在行车制动失效时作为应急制动。

装载机电气系统主要由五个组成部分：电源启动部分、照明信号部分、仪表检测部分、电子监控部分和辅助部分。电气系统的主要功用是启动发动机并完成照明、信号指示、仪表监测、电控设备（包括各种电磁控制阀等）和其他辅助用电设备（主要包括空调、刮水器、暖风机、收放机）等的供电工作，其对提高装载机的经济性、使用性和安全性起着重要作用。

二、动力系统的构成与工作原理

（一）发动机的构成

柴油发动机是把燃料的化学能转化为机械能的动力机械，为装载机的行走、作业等提供动力，保证其正常行驶和工作，动力系统主要由发动机及其散热系统组成。发动机散热器又叫发动机水箱，是水冷式发动机冷却系统的关键部件，通过强制水循环对发动机进行冷却，是保证发动机在正常温度范围内连续工作的换热装置。散热系统应定期用高压空气（$\leq 700 \mathrm{kPa}$ 或 $7 \mathrm{kg/cm^2}$）清理散热器管、片之间的杂物，防止散热系统效率降低或失效。

柴油发动机主要由以下几大部分组成（图 2-8）：

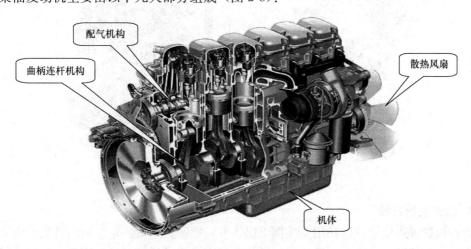

图 2-8 发动机主要组成

1. 曲柄连杆机构和机体组件

曲柄连杆机构是柴油机最基本的运动部件和传力机构，其将活塞的往复直线运动转变为曲轴的旋转运动，并将作用在活塞上的燃气压力转变为转矩，通过曲轴向外输出；机体组件是柴油机的基础和骨架，几乎所有的运动部件和辅助系统都支承和安装在上面。

曲柄连杆机构主要包括活塞组、连杆组和曲轴飞轮组等运动组件；机体组件主要包括气缸体、气缸盖和曲轴箱等（图2-9）。

图2-9　曲柄连杆机构

2. 配气机构

柴油机配气机构的功用是适时地开闭进、排气门，使新鲜空气进入气缸，废气排出气缸。其主要包括气门组、传动组（包括挺柱、推杆、摇臂、摇臂轴、凸轮轴、正时齿轮）、空气滤清器、进排气管以及消声器等（图2-10）。

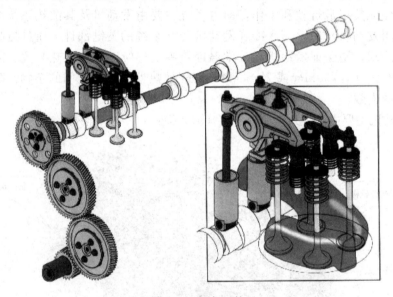

图2-10　配气机构

3. 燃料供给系统

柴油机燃料供给系统的功用是根据工况需要，定时、定量、定压地向燃烧室内供给一定雾化质量的洁净柴油，并创造良好的燃烧条件，以满足燃烧过程的需要。其主要包括燃油箱、输油管、输油泵、燃油滤清器、喷油泵、喷油器以及调速装置等（图2-11）。

4. 润滑系统

润滑系统的任务是将机油（润滑油）送到柴油机各运动零部件的摩擦表面，减小零部件的摩擦和磨损，流动的机油可以带走摩擦表面产生的热量，并可清除摩擦表面上的磨屑

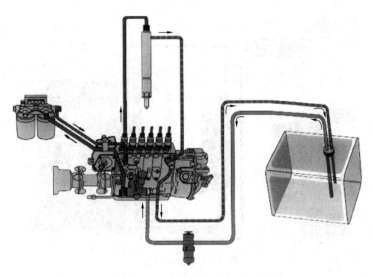

图 2-11　燃料供给系统

等杂物。另外，机油还具有辅助密封以及防锈等作用。因此，润滑系统是保证柴油机连续可靠工作、延长柴油机使用寿命的必要条件。润滑系统主要包括机油泵、机油集滤器、机油滤清器、机油散热器、润滑油道、调压阀、机油标尺以及油底壳等（图 2-12）。

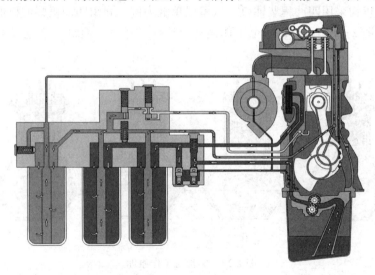

图 2-12　润滑系统

5. 冷却系统

　　冷却系统的功用是将受热零部件所吸收的多余热量及时地传导出去，以保证柴油机在适宜的温度下工作，不致因温度过高而损坏机件，影响柴油机工作。因此，冷却系统也是保证柴油机连续可靠工作的必要条件。冷却系统按使用的冷却介质的不同可分为水冷却系统和风（空气）冷却系统两种。水冷却系统主要包括气缸体及气缸盖内的冷却水套、水泵、散热器、风扇、水温调节装置（节温器）以及冷却水管路等。而风（空气）冷却系统则主要由气缸体及气缸盖上的散热片、导流罩以及风扇等组成（图 2-13）。

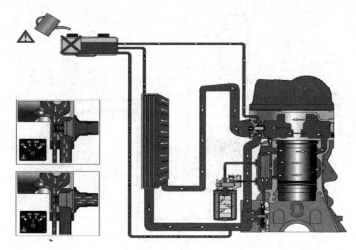

图 2-13　冷却系统

6. 启动系统

启动系统的主要功能是为柴油机的启动提供动力及创造有利条件。其主要包括启动机及使柴油机易于启动的辅助装置（如预热装置）等。

（二）柴油机的工作原理

由于装载机均采用四冲程柴油机，这里以单缸为例，介绍四冲程柴油机的工作原理与工作过程。如图 2-14 所示：每一个工作循环经历四个过程，而每一个过程由活塞的一个行程来完成。

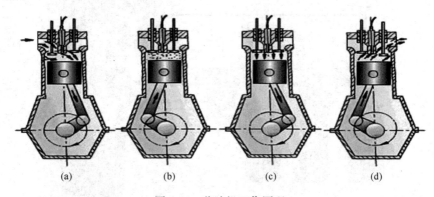

(a)	(b)	(c)	(d)

图 2-14　柴油机工作原理

（a）进气行程：进气门开启，排气门关闭，曲轴旋转带动活塞由上止点移动到下止点。活塞下行，使缸内容积不断扩大，压力下降至大气压以下，新鲜空气经进气门被吸入气缸。

（b）压缩行程：曲轴继续旋转，推动活塞由下止点移动到上止点，此时进、排气门均关闭。活塞上行，使缸内容积不断减小，空气受到压缩，压力升高。

（c）做工行程：当压缩行程接近终了时，喷油器将柴油以雾状喷入气缸，与空气混合形成可燃混合气体，在缸内较高的温度下，自行着火燃烧。此时进、排气门仍关闭，缸内高温高压气体膨胀做功，将活塞由上止点推向下止点。

（d）排气行程：曲轴继续旋转，活塞又由下止点被推向上止点，此时进气门关闭，排气门打开，燃烧废气经排气门排到大气中，为下一循环的进气做好准备。

三、传动系统的构成与工作原理

（一）传动系统的结构与功能

装载机动力装置和驱动轮之间的所有传动部件称为传动系统，主要由以下几部分组成（液力机械式）：变矩器、变速箱、万向传动装置、前后驱动桥、终传动、驱动轮。传动系统按结构和传动介质的不同可分为机械式、液力机械式、静液式（容积液压式）和电力式四种形式。上述四种传动方式中，轮式装载机广泛采用液力机械式传动，传动系统原理图如图2-15所示，少数小型装载机采用全液压传动，只有极少数的小型装载机采用机械式传动系统。

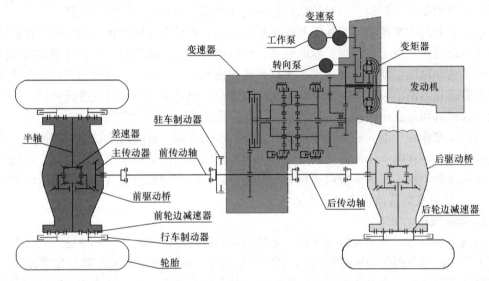

图 2-15 装载机传动系统结构原理图

液力传动系统动力传动路线：发动机动力→液力变矩器→变速箱→后驱动轴→后驱动桥（中央驱动轴→前驱动轴→前驱动桥），动力传递路线图如图2-16所示。

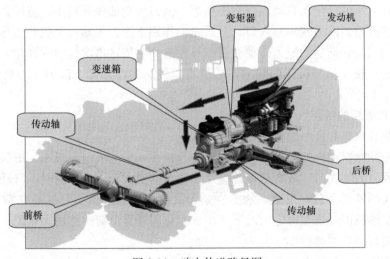

图 2-16 动力传递路径图

轮式装载机传动系统的首要任务是与发动机（柴油机）协同工作，以保证装载机在不同的使用条件下正常行驶和作业，并具有良好的动力性和经济性。因此，无论采用哪种传动形式，传动系统均必须具有以下功能：

（1）降低转速，增大转矩：柴油机输出的动力具有转矩小、转速高和转矩、速度变化范围小等特点，这与装载机作业或行驶时所需要的大转矩、低转速以及转矩、速度变化范围大之间存在着矛盾。为此，应使传动系统适当降低转速、增大转矩，使之满足装载机作业或行驶的需要。

（2）实现装载机倒退行驶：装载机在作业或行驶过程中，需要倒退行驶，而柴油机不能反向旋转。所以，与柴油机共同工作的传动系统必须能保证在柴油机旋转方向不变的情况下，使驱动轮反向旋转，一般的结构措施是在变速箱内加设"倒挡"装置。

（3）必要时中断传动：柴油机不能带负荷启动，而且启动后的转速必须保持在最低稳定转速（即怠速）以上，否则就可能熄火。所以在装载机启动之前，必须将柴油机与驱动轮之间的传动路线切断，在柴油机不停止运转的情况下，使装载机暂时停驻，或在装载机行驶中获得相当高的车速后，减小或停止动力传动，使之靠自身的惯性进行滑行。传动系统应能长时间保持在中断动力传动状态。因此，变速箱上设有"空挡"。

（4）差速作用：当装载机转弯行驶时，左右车轮在同一时间内滚过的距离不同。为了防止装载机在转弯时车轮相对地面滑动，引起转向困难、传动系统零部件损坏、轮胎过度磨损等问题的出现，在驱动桥内通常装有差速器，使左右两轮能够以不同的角速度旋转。

（二）液力变矩器的结构与工作原理

1. 功能概述

装载机变矩器一般为液力变矩器，常见的装载机变矩器有两种：一种是三元件单级单向变矩器（也称单涡轮变矩器），用于定轴式变速箱，另一种是四元件双涡轮变矩器，用于行星架式变速箱。液力变矩器安装在发动机与变速箱之间，发动机的动力通过与飞轮相连的变矩器泵轮转变为流体的动能，流体的动能推动涡轮旋转，从而将动力传递到变速箱各个离合器。变矩器可以利用流体的特性平稳而没有冲击地传递动力，当机器受到较大振动与冲击力时，冲击不会传递到传动系统的齿轮和轴上，离合器也不易被破坏，变矩器还可以随着负载大小的变化而自动改变输出扭矩。液力传动油先通过主溢流阀再经变速箱壳体中的油道然后进入液力变矩器入口，在泵轮的作用下液力传动油吸收并传导动能推动涡轮旋，转推动涡轮转动后的液力传动油再经导轮疏导、传送再次流回到泵轮，但是，有一部分油从变速箱输入轴与机体的间隙，通过出口传送到冷却器。液力变矩器结构示意如图 2-17、图 2-18 所示。

2. 液力变矩器的特点

（1）使装载机具有良好的自动适应性

液力变矩器能自适应外阻力的变化，使装载机在一定范围内无级地变更其输出轴转矩与转速。外界阻力增大时，液力变矩器能使车辆自动增大牵引力，同时，自动降低行驶速度以克服增大的外界负载；反之，液力变矩器又能自动减小牵引，提高装载机的行驶速度，以保证柴油机能经常在额定工况下工作，避免因外界负荷突然增大而熄火。

（2）提高装载机的通过性

装有液力传动装置的装载机具有良好的低速稳定性，通过性好，可以在泥泞地、沙

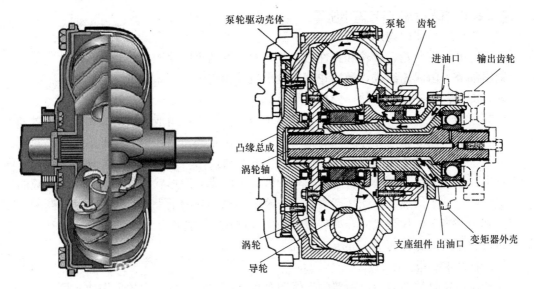

图 2-17 液力变矩器结构示意图

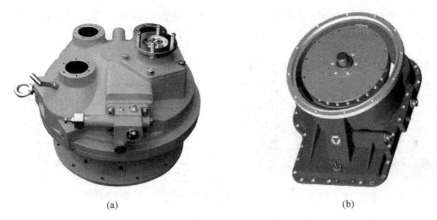

(a)   (b)

图 2-18 变矩器外观

（a）三元件单级单向；（b）四元件双涡轮

地、雪地等软路面以及非硬质土路面行驶或作业。

（3）提高装载机的使用寿命

液力传动的工作介质是液体，各叶轮之间可以相对滑转，故液力元件具有减振作用。液力元件既能对柴油机曲轴的扭转振动起阻尼作用，提高传动元件的使用寿命，又能吸收和衰减来自装载机行走装置或传动系统的振动和冲击，提高发动机的使用寿命，这对经常处于恶劣环境下工作的装载机极为有利。

（4）简化操作和提高操作舒适性

采用液力变矩器的装载机，起步平稳，加速迅速、均匀；变矩器相当于一个无级变速箱，可减少变速箱的挡位，加上一般采用动力换挡，从而简化变速箱结构，因此可以减少换挡次数，简化操作，减轻驾驶员的疲劳强度。在行驶过程中液力元件又可以吸收和减小振动、冲击，从而提高装载机的驾驶舒适性。

3. 液力变矩器的构造与工作原理

（1）液力变矩器的构造

输入部分：由泵轮、罩轮和弹性板组成，并与发动机同速同向旋转。

输出部分：由涡轮组成，通过花键与输出齿轮相连。

固定部分：由壳体、导轮、导轮座等组成。

最简单的三元件液力变矩器由泵轮、涡轮与导轮等零件组成。泵轮和涡轮都通过轴承安装在壳体上，而导轮与壳体则固定不动，三个工作轮都密闭在由壳体形成的环形封闭工作腔，是工作液体循环流动的环流通道，工作腔在通过回转轴线切割的截面（即轴面）内所表示出的形状，称为循环圆。各工作轮中装有弯曲成一定形状的叶片，以利于油液的流动，工作腔充满了油液。在循环圆中，工作液体过流部分的最大直径，称为循环圆的有效直径。其为变矩器的代表尺寸，如装载机用的 YJSW315 型液力变矩器，数字"315"代表该变矩器的循环圆直径为 $\phi315\text{mm}$。

（2）液力变矩器工作原理

发动机运转时带动液力变矩器的壳体和泵轮一同旋转，泵轮内的工作油在离心力的作用下，由泵轮叶片外缘冲向涡轮，并沿涡轮叶片流向导轮，再经导轮叶片流回泵轮叶片内缘，形成循环的工作油。在液体循环流动过程中，导轮给涡轮一个反作用力矩，从而使涡轮输出力矩不同于泵轮输入力矩，并具有"变矩"功能（图 2-19）。

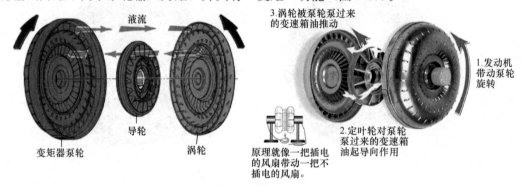

图 2-19 变矩器工作原理

变矩器启动阶段涡轮从静止开始转速逐渐提高，而转矩从启动时的等于泵轮与导轮的转矩之和的最大值随转速的提高逐渐减小。也就是说，当涡轮转速降低时（即机械所受到的外阻力增加时），则涡轮力矩将自动增加，可满足机械克服外阻力所需要，即变矩器可自动适应外载荷变化的变矩性能。

（3）液力变矩器的工作过程

变矩器的液流方向由涡流和环流合成，在初始状态泵轮转动，涡轮不动，泵轮与涡轮转速差较大时，形成涡流，泵轮与涡轮转速接近时，形成环流。

涡流：从泵轮→涡轮→导轮→泵轮的液体流动。

环流：液体绕轴线旋转的流动。

（三）变速箱的结构

1. 变速箱的类型

变速箱按操纵方式的不同可分为动力换挡变速箱和人力换挡变速箱两种。

变速箱按轮系形式的不同可分为行星式变速箱和定轴式变速箱。

动力换挡变速箱通过相应的换挡离合器可分别将不同挡位的齿轮相连，从而实现换挡。换挡离合器的分离与结合一般由液力操纵，液压油是由柴油机带动的油泵供给的，因为换挡的动力是由柴油机提供的，所以称为"动力换挡"。

人力换挡变速箱是用人力拨动变速箱齿轮或啮合套进行换挡的，同汽车用变速箱一样，人力换挡变速箱换挡时，需先踩下离合器，然后变换挡位。

定轴式（轴线固定式）：可使用人力换挡和动力换挡，结构简单，齿轮数量少，维修方便，不能实现较高传动比［图 2-20（a）］。

行星式（轴线旋转式）：只能使用动力换挡，结构紧凑，空间小，可实现较高的传动比，缺点则是维修较为复杂［图 2-20（b）］。

(a) (b)

图 2-20 变速箱的类型
（a）定轴式；（b）行星式

2. 变速箱的功能

（1）改变发动机和车轮之间的传动比，从而改变装载机的行驶速度和牵引力，以适应装载机作业和行驶的需要；

（2）使装载机能倒退行驶，因为发动机只有一个旋转方向，要实现前进和倒退，只有靠变速箱；

（3）切断传给行走装置的动力，能使柴油机在运转的状态下，不将动力传给行走装置，便于发动机的启动和停车安全。

3. 对变速箱的要求

（1）具有足够的挡位和合适的传动比，以满足装载机的使用要求。

（2）工作可靠、使用寿命长、传动效率高、结构简单、制造和维修方便。

（3）换挡轻便、结合平稳、不出现卡滞和跳挡现象。

4. 变速箱控制

变速箱控制主要有电控和机械控制两种。电控系统主要由操纵机构、控制器、执行机构（操纵阀）及传感器组成，机械控制主要由操纵机构、机械拉杆（软轴）和执行机构组成（图 2-21）。

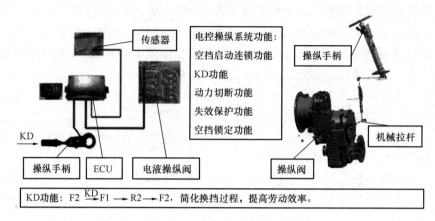

图 2-21　变速箱控制示意图

5. 行星式变速箱结构与原理

（1）特点

行星式变速箱的主要优点是，可通过在行星排中设置多个行星轮，使载荷由几对齿轮共同传递，减轻了每个齿轮上的载荷，减小了齿轮的模数，进而减小齿轮体积，使变速箱在径向方向尺寸较紧凑。轴向尺寸与所采用的行星排数目有关，行星排数目越多，轴向尺寸越大，另外还可实现输入轴与输出轴同心传动。

（2）构造

行星齿轮式变速箱（简称行星式变速箱）由箱体、超越离合器、行星变速机构（基本行星排）、摩擦片离合器、油缸、活塞、变速阀、变速泵及齿轮等组成，由于基本行星排中有轴线旋转的行星轮，故行星式变速箱只能采用动力换挡方式（图 2-22）。

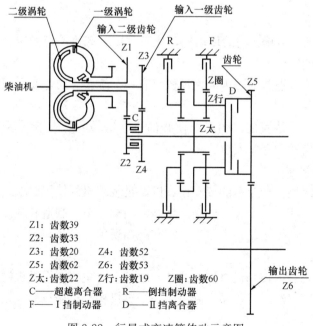

图 2-22　行星式变速箱传动示意图

（3）行星变速机构的工作原理

装载机行星式动力换挡变速箱的结构较复杂，可以通过了解简单行星排的情况来理解行星式变速箱的工作原理。如图 2-23 所示，简单行星排由太阳轮、齿圈、行星架和行星轮组成。由于行星轮轴向旋转与外界连接困难，所以行星轮只起传递运动的惰轮作用，与传动比无关，其余元件能与外界连接，称为基本元件。

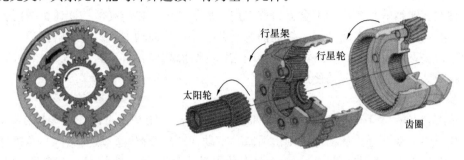

行星架
行星轮
太阳轮
齿圈

图 2-23　简单行星排示意图

从行星排的运动规律可以看出其具有两个自由度。通过将行星排三个基本元件分别作为固定件、主传动或从动件，则可组成六种传动方案。六种方案的传动比见表 2-3，二进一退式行星换挡变速箱由两个行星排（由两个制动器和一个闭锁离合器接合，可实现三挡）和分动箱组成，详细结构较复杂，这里不做说明。

行星排传动方案表　　　　　　　　　　　　　　　　　　表 2-3

传动类型	行星架从动为减速		行星架主动为增速		行星架固定为倒转	
	太阳轮主动为大减	齿圈主动为小减	太阳轮从动为大增	齿圈从动为小增	太阳轮主动为减速	齿圈主动为增速
传动比	$1+\alpha$	$(1+\alpha)/\alpha$	$1/(1+\alpha)$	$\alpha/(1+\alpha)$	$-\alpha$	$1/\alpha$
备注	其中 $\alpha=Zq/Zt$；Zq—齿圈齿数；Zt—太阳轮齿数					

6. 定轴式变速箱结构与原理

（1）结构

定轴式变速箱由变速箱体、大端盖、倒挡轴总成、输入轴法兰、输入轴总成、中间轴总成、倒挡轴总成、后输出法兰、输出轴、高低挡滑套及其操纵机构、油底壳、前输出法兰、制动器、液压离合器组成，是一种多轴常啮式动力换挡变速箱。

输入轴总成的右端伸出箱体处装有输入轴法兰，液力变矩器的动力从这里输入变速箱。输入轴总成、倒挡轴总成和中间轴总成与箱体的连接相同，它们的两端都用圆锥轴承支承在变速箱体以及大端盖上。输入轴总成、倒挡轴总成和中间轴总成以及输出轴上的齿轮相互啮合，处于常啮状态。装在输出轴上的高低挡滑套有"高、空、低"三个停留位置，高挡位置对应于高速；低挡位置对应于低速；滑套处于中间位置时，变速箱无动力输出。变换高低挡滑套时必须在装载机停稳以后，在空挡的情况下进行，否则会发生冲击现象。

变速箱工作时，来自变速操纵阀的液压油，经变速箱箱体的内壁油道和大端盖内的管道流进输入轴中的油道，再经油道进入液压离合器的油缸内，推动离合器活塞右移，压紧主、被动摩擦片。由于主、被动摩擦片分别与液压离合器的输入轴和从动齿轮（输出齿轮）相固连，因此，输入轴就和从动齿轮一起转动，将动力输出。当压力油被切断，离心倒空阀自动打开，此时，活塞在弹簧的作用下迅速回位，主被动离合器片便分离，从动齿轮空转，动力输出停止。

（2）传动原理

定轴式变速箱的三个换挡离合器组成二前一后的挡位，再与高低挡变速机构配合组成前四后二的挡位。齿轮在离合器未接通前为空转，并不传递动力。离合器的接通与否，对齿轮的啮合关系没有改变，即所谓的"常啮式"。换挡离合器的接通，可实现挡位的变化，其传动路线请参照具体机型的使用说明书。

7. 离合器

液压离合器的离合器壳和齿轮用螺钉固装在一起，齿轮又通过内花键与输入轴连接，构成离合器的主动部分。从动部分则由活塞、主动（外）摩擦片、从动（内）摩擦片、回位弹簧、外端盖以及挡圈等组成。离合器中的主动摩擦片通过外花键与离合器的壳体连接，从动摩擦片则通过内花键与从动齿轮连接。从动齿轮通过轴承支承在输入轴上，并可相对于输入轴转动。

（四）变速箱与变矩器的供油系统

1. 供油系统的组成

供油系统一般由变速泵（齿轮泵）、变速操纵阀、滤油器、散热装置、油底壳和管路等组成。

2. 供油系统的作用

（1）为液压换挡机构以及液力变矩器提供适合的压力和流量

变矩器与变速箱共同采用一个供油系统，为了防止变速操纵系统失灵，首先应保证变速操纵系统的供油，防止车辆失去控制。

（2）带走工作时产生的热量，对工作液体进行冷却

装载机正常运转时，变速箱与变矩器中约有 25％的功率损失转变为热能。因此，变速箱与变矩器供油系统中设有液力传动油散热装置。

（3）防止液力变矩器中产生气蚀现象

在变矩器的油液出口处设有背压阀，使变矩器工作腔内的液体压力高于外界大气压力，这样就能有效防止变矩器产生气蚀现象。

（4）补偿液力变矩器中工作液体的漏损，保证液力变矩器中始终充满工作油液。

3. 对供油系统工作介质的要求

（1）黏度适宜并具有良好的黏温性能；

（2）闪点高而凝点低；

（3）良好的化学稳定性；

（4）工作液体不含有机械杂质、水分、气泡以及腐蚀性等。

（五）驱动桥的组成和功用

轮式装载机驱动桥位于传动系统的末端，是传动轴之后、驱动轮之前的所有传动机构的总称，其主要功能是将传动轴传来的转矩传给驱动轮，使变速箱输出的转速降低、转矩增大并使两边车轮具有差速功能。此外，驱动桥桥壳还起到承重和传力的作用，驱动桥由

主传动系统、差速器、半轴、轮边减速器（终传动）以及桥壳等零部件组成（图2-24）。

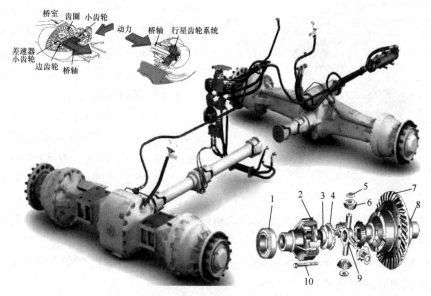

图 2-24 传动系统示意图
1—轴承；2—左外壳；3—垫片；4—半轴齿轮；5—垫圈；
6—行星齿轮；7—从动齿轮；8—右外壳；9—行星齿轮轴；10—螺栓

变速箱传来的动力经主传动齿轮传到差速器壳上，再经差速器的十字轴、行星齿轮、半轴齿轮和半轴传到终传动，经终传动的太阳轮、行星轮和行星架最后到驱动轮上，驱动机械行驶。驱动桥的功用是通过主传动器改变传动的方向，降低变速箱输出轴的转速、增大转矩，通过差速器解决两侧车轮的差速问题，减小轮胎磨损和转向阻力，另外还起支承和传力作用。

轮式机械的两侧驱动轮不能固定在一根整轴上，需要用差速器和半轴传动。因为轮式工程机械在行驶过程中，为了避免车轮在滚动方向产生滑动，经常要求左右两侧的驱动轮以不同的角速度旋转。当两边车轮以相同的转速转动时，锥齿轮只绕半轴轴线做公转运动。若两边车轮阻力不同，则锥齿轮除做上述公转运动外，还可绕自身做自转运动，当锥齿轮自转时，两半轴齿轮就可以不同的转速转动，差速器特点就是差速不差力。

目前装载机桥制动器普遍采用钳盘式制动器，其优点是结构简单，配件广，维修成本低（图2-25）。

轮边传动是装载机传动系统中最后一级减速增扭机构，其功能是进一步降速增扭，满足整车的作业和行走要求；同时降低主减速器与变速箱的速比，降低这些零部件传递的转矩。目前，装载机驱动桥轮边一般采用渐开线行星传动—单排内外啮合行星排传动，其中太阳轮由半轴驱动为主动件，行星架和车轮轮毂连接为从动

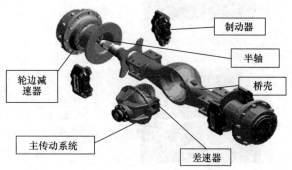

图 2-25 干式驱动桥基本结构

25

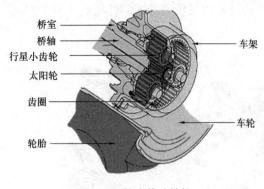

桥室
桥轴
行星小齿轮
太阳轮
齿圈
轮胎
车架
车轮

图 2-26　轮边传动结构

件，齿圈与驱动桥桥壳固定连接。此种传动形式传动比为 $1+\alpha$（α 为齿圈和太阳轮的齿数之比），可以在较小的轮廓尺寸获得较大的传动比，且可以布置在车轮轮毂内部，而不增加机械的外形尺寸（图 2-26）。

（六）万向传动装置

装载机万向传动装置安装在变速箱与驱动桥之间，一般由万向节总成和传动轴等组成（习惯上将万向传动装置叫作传动轴总成）。有的装载机万向传动装置中还装有中间支承。

由于装载机变速箱输出轴的轴线与驱动桥输入轴的轴线难以布置得重合，再加上装载机在运行过程中，由于道路和工作场地不平整，使两轴相对位置经常变化。所以，变速箱输出轴与驱动桥输入轴之间不能采取刚性连接，而必须采用一般由两个十字轴万向节和一根传动轴组成的万向传动装置。

万向传动装置的功能就是解决变速箱与驱动桥的不同轴性，以适应变速箱与驱动桥间夹角变化的需要，将变速箱的动力传给驱动桥。除了用于变速箱与驱动桥间的传动外，万向传动装置还用于其他动力系统的动力输出，如有的装载机采用万向传动装置将变矩器的动力传给变速箱，称为主传动轴。

（七）轮胎的花纹种类和适应工况

装载机车轮主要包含轮辋和轮胎两部分，轮胎是装载机的重要弹性缓冲元件，对装载机的使用质量有很大影响。其主要功能是保证车轮和路面具有良好的附着性能，缓和吸收路面不平整引起的震动和冲击（表 2-4）。

轮胎花纹及对应工况表　　　　　　　　　　　　　　　　　表 2-4

轮胎花纹	轮胎性能	适用工况
	岩石型花纹胎，胎体坚固、稳定性能好，耐磨和附着性能好，具有良好的综合性能	适用于劣质路面，工况适应性广，主要用于矿山、建筑、煤场、水泥岩石路面等
	碎花胎，胎体坚固、稳定性能好，附着性能好，具有良好的综合性能	适用于路况相对较松软地段，主要用于河沙、沙漠边缘等工况

续表

轮胎花纹	轮胎性能	适用工况
	全橡胶实心轮胎，耐刺扎性能优异，耐磨性高	常用于钢厂、废旧金属回收厂等，路面环境极其恶劣的场所
	雪地胎，橡胶科学配方，耐低温，雪地花纹能增强雪地附着力	适用于雪地路况

　　轮式装载机目前使用的轮胎主要有斜交线轮胎和钢丝子午线轮胎两大类，后续轮胎发展趋势是向子午线轮胎发展。目前国内各主机厂因成本问题主要采用工程斜交胎，出口装载机部分采用工程子午胎，原因是工程子午胎成本高，但后续随着用户使用认知，预计工程子午胎将成主导。

　　工程子午胎相对于工程斜交胎的根本区别为斜交胎是以多层斜线交叉的帘布层作为胎体，子午胎是由胎侧的一层钢丝连线体和胎冠中心的多层钢丝带束层组成。

　　工程子午胎与工程斜交胎相比较有以下优点：

（1）轮胎耐磨性能好，使用寿命长；

（2）滚动阻力小，生热低，节约燃料，使用成本低（节油7%）；

（3）操控性和舒适性好；

（4）抗刺穿能力强，牵引性能好。

四、液压系统分类与结构

　　一个完整的液压系统一般由五个部分组成，即动力元件、执行元件、控制元件、辅助元件和液压油（图2-27）。装载机液压系统分为工作装置液压系统和转向液压系统两部分，工作装置液压系统分为机械操纵和先导操纵，其作用是控制动臂和铲斗的动作。转向液压系统一般分为单稳阀转向系统、负荷传感转向系统、负荷传感型同轴流量放大转向系统、流量放大阀系统（转向器控制流量放大阀）。

　　装载机转向液压系统的功用是用来控制装载机的行驶方向，使装载机稳定地保持直线行驶且在转向时能灵活地改变行驶方向；转向液压系统良好稳定的性能是保证装载机安全行驶、减轻驾驶员劳动强度、提高作业效率的重要因素。

（一）常见转向液压系统的结构原理

　　同轴流量放大转向系统主要元件有：转向泵、转向器、组合阀块、优先阀、转向油

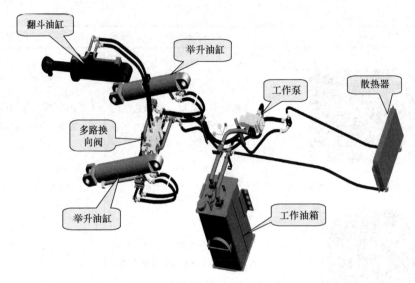

图 2-27　液压系统示意图

缸、管路及油箱等［图 2-28（a）］。

　　优先流量放大转向系统主要元件有：转向泵、先导泵、转向器、流量放大阀、转向油缸、管路及油箱等［图 2-28（b）］。

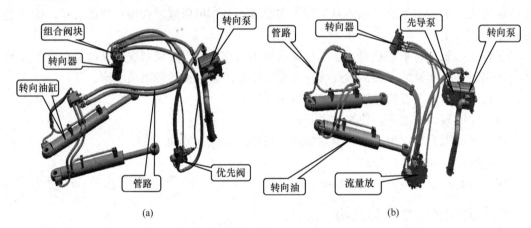

(a)　　　　　　　　　　　　　　(b)

图 2-28　转向液压系统
（a）同轴流量放大；（b）优先流量放大

（二）常见工作装置液压系统结构组成

　　装载机工作装置液压系统由工作油泵、分配阀、安全阀、动臂油缸、转斗油缸、油箱、油管等组成。工作装置液压系统应保证工作装置实现铲掘、提升、保持和转斗等动作。因此，动臂油缸操纵阀必须具有提升、保持、下降和浮动四个位置，而转斗油缸操纵阀必须具有后倾、保持和前倾三个位置。

　　先导操纵：工作装置通过先导阀控制液控多路阀进行操作［图 2-29（a）］。

　　机械操纵：工作装置通过机械操纵手柄控制多路阀进行操作［图 2-29（b）］。

　　大多数装载机工作装置液压系统采用先导操作，先导操作的优点：

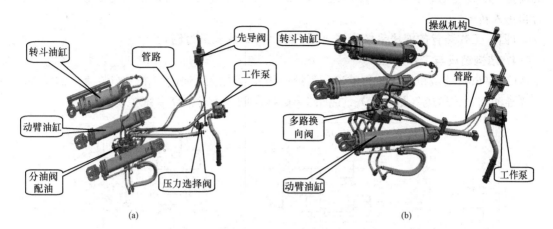

图 2-29　工作液压系统
（a）先导操纵；（b）机械操纵

（1）操作力轻，行程短；

（2）轻便灵活，控制灵敏度高；

（3）降低司机劳动强度，提高工作效率。

先导操纵工作液压系统主要元件有：工作泵、分配阀、转斗油缸、动臂油缸、压力选择阀、先导阀及管路等。机械操纵工作液压系统主要元件有：工作泵、多路换向阀、转斗油缸、动臂油缸、操纵机构及管路等。

机械操纵工作液压系统主要元件有：工作泵、多路换向阀、转斗油缸、动臂油缸、操纵机构及管路等。

（三）装载机液压系统重要概念简介

1. 双泵合流

从转向泵排出的压力油，经优先阀后优先保证转向系统的用油要求，使多余的油液与工作装置液压系统的压力油实现自动合流，避免了转向泵出来的多余压力油直接卸回油箱，从而更加合理地利用了柴油机的能量，降低了能耗。

2. 双泵独立

转向泵和工作泵分别供给转向系统和工作系统。

3. 等值卸荷

在装具负荷较高时，系统压力升高，达到一个阈值后触发等值卸荷阀，使转向系统的油直接回到油箱，实现 0 压力卸荷，节能环保，减少了发热量。

4. 流量放大转向

转向泵流量优先供给转向系统，多余流量合流到工作系统。

5. 优先负荷传感转向

转向泵流量优先保证通过转向器进入转向油缸，且流量不受转向压力变化影响，多余流量进入工作或其他系统。

6. 同轴流量放大转向

同轴流量放大转向与优先负荷传感转向基本相同，区别仅为转向器不同，进入转向器的流量一小部分通过转向器计量马达，大部分（按比例）通过转向器内部油道与小部分汇合再进入转向缸。

（四）工作装置的液压系统概述（以 CAT 966D 装载机为例）

1. 结构组成与工作原理

CAT966D 装载机工作装置的液压系统采用先导式液压控制，由工作装置主油路系统和先导油路系统组成（图 2-30）。主油路多路换向阀由先导油路系统控制。

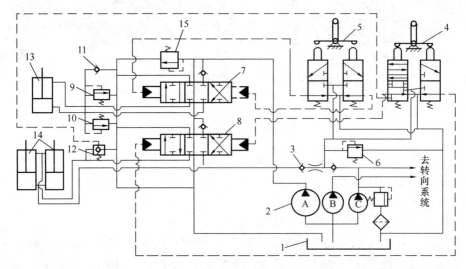

图 2-30　CAT 966D 型装载机工作装置液压系统

1—油箱；2—油泵组；3—单向阀；4—举升先导阀；5—转斗先导阀；6—先导油路调压阀；7—转斗
油缸换向阀；8—举升油缸换向阀；9、10—安全阀；11—补油阀；12—液控单向阀；13—转斗油缸；
14—举升油缸；15—主油路限压阀；A—主油泵；B—转向油泵；C—先导油泵

先导控制油路是低压油路，由先导油泵 C 供油。手动操纵举升先导阀 4 和转斗先导阀 5，分别控制举升油缸换向阀 8 和转斗油缸换向阀 7 主阀芯左右移动改变工作位置，使工作油缸实现铲斗升降、转斗或闭锁等动作。

在先导控制油路上设有先导油路调压阀 6 和单向阀 3，在发动机突然熄火，先导油泵无法向先导控制油路供油的情况下，动臂油缸依靠工作装置的自重作用，无杆腔的油液可通过单向阀 3 向先导控制油路供油，同样可以操纵举升先导阀和转斗先导阀，使铲斗下降、前倾或后转。

先导油路的控制压力应与先导阀操纵手柄的行程成比例，先导阀手柄行程大，控制油路的压力也大，主阀心的位移量也相应增大。由于工作装置多路换向阀（或称主阀）主阀芯的面积大于先导阀阀芯的面积，故可实现操纵力放大，使操纵省力。

在转斗油缸 13 的两腔油路上，分别设有安全阀 9 和 10。当转斗油缸超载时，两腔的压力油可分别通过安全阀 9 和安全阀 10 直接卸荷流回油箱。当铲斗前倾卸料速度过快时，转斗油缸可能出现供油不足。此时，可通过补油阀 11 直接从油箱向转斗油缸补油，避免产生气穴现象，消除机械振动和液压噪声。同理，动臂举升油缸快速下降时，也可通过液控单向阀 12 直接从油箱向动臂油缸上腔补油。

CAT 966D 型装载机的工作装置设有两组自动限位机构，分别控制铲斗的最高举升位置和铲斗最佳切削角的位置。自动限位机构设在先导操纵杆的下方，通过动臂油缸举升定位传感器和转斗油缸定位传感器的无触点开关，自动实现铲斗限位。

当定位传感器的无触点开关闭合时，对应的定位电磁铁即通电，限位连杆机构产生少许位移，铲斗回转定位器或动臂举升定位器与支承滚之间出现间隙，在先导阀回位弹簧的作用下，先导阀操纵杆即可从"回转"或"举升"位置自动回到"中立"位置，停止铲斗回转或举升。

2. 工作装置的液压减振系统

轮式装载机广泛采用刚性悬架。然而，装载机的作业环境较为恶劣，经常在中短运距的工地上穿梭式作业，凹凸不平的地面会引起机械的振动和颠簸，机械的强烈振动和颠簸还将导致铲斗内的物料洒落，降低装载机的生产效率。工作装置的纵向角振动（亦称点头振动），对铲斗物料的洒落影响更大。

当装载机处于运输工况时，地面的不平整将引起机械振动和颠簸，液压减振系统中的弹性元件液压蓄能器便吸收或释放冲击振动压力能，同时通过节流阀的阻尼作用，降低振动加速度，达到衰减装载机及其工作装置振动的目的。

图 2-31 即为装载机的运输工况，动臂举升油缸和转斗油缸均闭锁，液压减振处于减振开启状态。此时，电磁阀 1 和 2 接通举升油缸下腔和蓄能器，装载机机架受到冲击后，蓄能器即吸收或释放冲击和振动产生的压力能，随时进行油液交换。

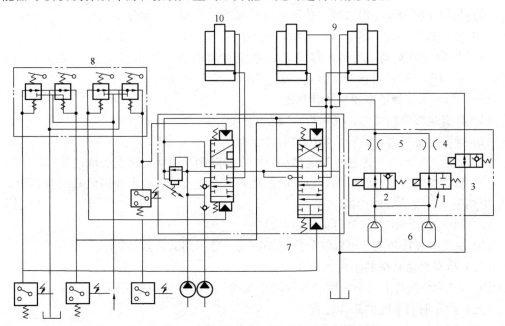

图 2-31　轮式装载机工作装置液压减振系统
1、2、3—电磁阀；4、5—节流阀；6—蓄能器；7—油缸换向
主控制阀；8—先导阀；9—动臂油缸；10—转斗油缸

液压减振系统的开启和关闭由先导阀 8 控制。驾驶员可根据作业需要操纵先导阀手柄，当切断先导油泵油路时，电磁阀 1 和 3 获得信号而开启，系统处于减振开启状态。当先导阀接通先导控制油路时，先导控制系统的油压上升将自动触动压力开关，电磁阀 1、

3 则被关闭，此时，系统处于非减振状态。

国外最新试验资料表明，采用液压减振系统的轮式装载机，若行驶速度在 40km/h 范围内，振动加速度的峰值可降低 70%。中小型轮式装载机在运输工况下，最大振幅为 ±25mm，一般不会超过 15mm，驾驶员很难察觉出来，减振十分有效。

五、制动系统

轮式装载机制动系统是用来对行驶中的装载机施加阻力，迫使其降低速度或停车，以及在停车之后，使装载机保持在原位置，不致因路面倾斜或其他外力作用而移动的装置。

桥上的制动器可分为干式和湿式制动器，干式桥采用钳盘式制动，制动器和制动盘暴露在外面；湿式桥制动片封闭在桥壳内，浸在齿轮油中，靠油循环来散热。两者相比较，干式制动易受物料污染和磨损，湿式制动因为全封闭可以实现免维护。国内装载机采用干式制动的居多，出口机型以及外国品牌的机器均采用湿式制动器。

轮式装载机一般装有两个独立的制动系统，即：行车制动系统和停车制动系统。用于在行驶中降低车速或使装载机停止的制动系统，称行车制动系统。在行车制动系统中，装载机每个车轮轮边上均装有制动器。作用时，其直接对车轮进行制动。行车制动器利用油压工作，在操纵时采用加力器，使操纵更为轻便。用于停车后保持装载机在原位置的制动系统，称为停车制动系统。停车制动系统的制动器一般装在装载机变速箱前输出轴上，作用时通过操纵手柄拉动操纵软轴，使制动蹄片张开，实现驻车制动。

一些装载机上还装有紧急制动系统，该系统具有停车制动系统的功能，并可在行车制动失效时作为应急制动。另外，紧急制动系统在制动系统气压低于安全气压（一般为 0.40～0.44MPa）时，可自动使装载机紧急停车，以确保安全。

（一）制动系统的基本要求及其功能

（1）具有足够的制动力，确保行车安全。

（2）操纵轻便省力，减轻驾驶员的劳动强度。

（3）制动时制动力应迅速平稳地增加，而在解除制动时能迅速彻底地松开车轮。

（4）制动器的摩擦材料应具有较大的抗热衰退性能及较大的摩擦因素和耐磨寿命，磨损后能调整，报废后方便更换。

（5）制动器在结构上应具有良好的散热性。

（6）制动系统按功能又可以细分为行车制动、驻车制动、紧急制动。

（二）行车制动系统的组成

图 2-32 为装载机上普遍应用的气顶油钳盘式四轮制动原理示意图。

（三）行车制动系统的工作过程

柴油机带动空气压缩机旋转，压缩空气从空气压缩机进入油水分离器，空气中的油、水及部分杂质等被油水分离器组合阀去除后，洁净的压缩空气经管路进入储气罐。

当储气罐的压力到设定的最高值时，油水分离器组合阀关闭通向储气罐的气路，并将从空气压缩机出来的压缩空气直接排入大气；当储气罐内的气体压力低于设定的最低值时，油水分离器组合阀便自动接通空气压缩机至储气罐的气路，并关闭排往大气的通道，使储气罐充气，这样就能使制动系统内的气压稳定在固定的范围内。

踩下制动踏板，储气罐中的压缩空气经制动阀分为两路分别进入前、后桥加力泵组，

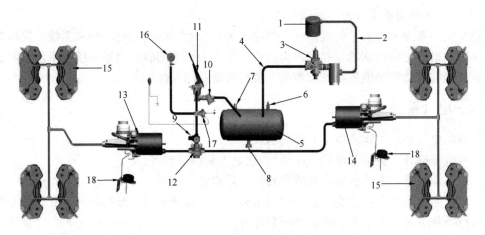

图 2-32　气顶油钳盘式四轮制动原理示意图

1—空压机；2、4—管路；3—油水分离器；5—储气罐；6—单向阀；7—安全阀；8—自动排水阀；
9—油压表；10—管路过滤器；11—制动控制阀；12—卸荷阀；13、14—加力泵；15—制动器；
16—气压表；17—制动灯开关；18—活塞限位开关

推动各自加力缸活塞和制动总泵活塞，使总泵内的刹车油形成高压（油压为12MPa左右）并沿着管路分别进入前、后驱动桥的盘式制动器，推动制动钳活塞及摩擦片压向制动盘，实现制动。放松制动踏板后，加力缸体内的压缩空气经制动阀排入大气，制动钳内的高压制动液则沿管路返回制动总泵，装载机制动状态解除。

有些装载机行车制动系统中，还设有制动选择阀（一般为电磁阀或球阀开关），当制动选择阀置于"切断"位置时，踩下制动踏板，储气罐中的压缩空气，除经制动阀分两路进入前后加力泵组外，还通过管路进入变速操纵阀的切断阀开关，使变速操纵阀中的液压油路切断。这时变速箱中的油液压力为零，从而使离合器片松开，使变速箱无动力输出，以增强制动效果。

装有制动选择阀的装载机在坡道上行驶或作业时，制动选择阀应置于"不切断"位置。这样，当装载机处于制动状态时，通往变速操纵阀的气路不通，变速箱仍有动力输出，一旦制动解除，装载机能迅速起步，以保证运行平稳；否则，装载机制动后再起步时会产生"溜坡"等不稳定现象；同时，在作业过程中，若选择阀置于"切断"位置，还会影响装载机运行过程中的平稳性及作业效率。

值得注意的是：如在制动系统中设有压力报警装置，当压力低于安全气压时，报警蜂鸣器发出声响，此时制动系统气压不足，不能立即行车，以免发生危险。

（四）行车制动系统回路

行车制动系统根据采用的气压或液压回路不同，可分为单管路系统和双管路系统两种。

（1）单管路系统：行车制动系统中采用单一的气压（或液压）回路的制动系统称为单回路制动系统。

（2）双管路系统：一些装载机行车制动系统中通向前、后驱动桥制动钳制动分泵的管路属于两个各自独立的系统。这样，当一个制动管路系统出现故障而失效时，另一个系统仍能使装载机制动，从而提高了装载机的行驶安全性。

（五）驻车制动系统（停车制动系统）

驻车制动系统分为简单的机械驻车制动系统和带助力机构的驻车制动系统，简单的机械驻车制动系统主要由软轴和操纵机构构成，带助力机构的驻车制动系统由手制动阀、制动气室、储气筒及管路组成，特殊情况下可作为紧急制动使用。

六、电气系统

装载机电气系统主要由以下五部分组成：

（1）电源部分：包括蓄电池（电瓶）、发电机和调节器等。

（2）启动装置：主要包括启动机，其任务是启动柴油机。

（3）照明信号设备：主要包括各种照明和信号灯以及喇叭、蜂鸣器等。其任务是保证各种运行条件下的人车安全和作业的顺利进行。

（4）仪表监测设备：包括各种油压表、油压感应塞、水温表、水温感应塞、电流表、气压表、气压感应塞以及低压报警装置等。

（5）辅助设备：包括电动刮水器、暖风机以及空调等。

（6）电子与电控系统基本结构。

装载机电器设备是装载机的重要组成部分，其供给装载机使用的电源，保证发动机的启动、熄火，以及全车照明和其他辅助设备的工作，对提高装载机的机动性、经济性、安全性起着重要的作用。

七、工作装置

工作装置是装载机完成装卸动作的直接作用元件，相当于人的手臂，是装载机作业的执行机构。按照反转结构分类可分为双缸双摇臂反转六连杆结构和单缸单摇臂"Z"形反转六连杆结构。

工作装置系统主要由铲斗、动臂、摇臂、连杆等组成（图 2-33），另外可以配备加大

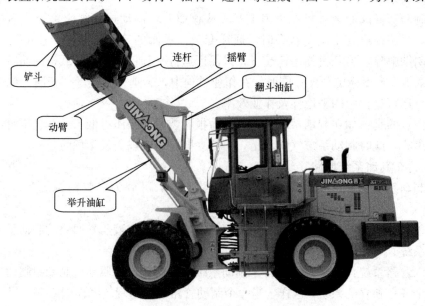

图 2-33　装载机工作装置

型装煤铲斗、加强型岩石铲斗、侧卸型铲斗、夹木叉、夹草叉、加长型动臂等多种工作装置供用户选择。

土方工程装载机铲斗斗体常用低碳、耐磨、高强度钢板焊接而成，切削刃采用耐磨的中锰合金钢材料，侧切削刃和加强角板均用高强度耐磨材料制成。

装载机的铲斗由斗底、后斗壁、侧板、斗齿、上下支承板、主刀板和侧刀板等组成。

齿形的选择应考虑插入阻力、耐磨性和易于更换等因素。齿形分尖齿和钝齿，轮胎式装载机多采用尖形齿，履带式装载机多采用钝齿形；斗齿的数目视斗宽而定，一般平齿距在 150～300mm 比较合适。斗齿结构分为整体式和分体式，中小型装载机多采用整体式；大型装载机由于作业条件恶劣，斗齿磨损严重，常用分体式。分体式斗齿分为基本齿和齿尖两部分，磨损后只需更换齿尖（图 2-34）。

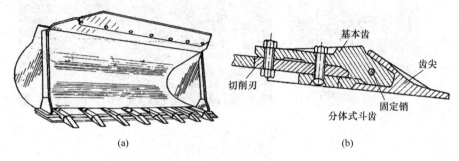

(a)　　　　　　　　　　　　　　　(b)

图 2-34　装载机铲斗
（a）装有分体式斗齿的铲斗；（b）分体式斗齿结构图

八、车架

车架总成是安装各总成、部件的基础（图 2-35）。装载机车架可分为整体式和铰接式两类。铰接式装载机采用铰接式车架，由前车架与后车架两部分组成，两者通过铰销相联，还包括前、后车架附件及副车架总成。

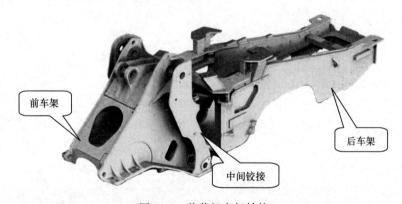

图 2-35　装载机车架结构

前车架主要负责工作装置、主控制阀、前桥及其附件的安装连接固定。后车架主要负责发动机、变速箱、后桥、散热系统、驾驶室等附件的安装连接固定。前后车架之间通过铰接连接，并绕铰接点实现转向。铰接式车架，转弯半径小，机动灵活，减少了滑动阻力，延长了轮胎寿命。

九、覆盖件系统

覆盖件系统主要由驾驶室、座椅、仪表面板、暖风机、左右前后挡泥板及其支架、发动机罩等部件组成（图2-36）。驾驶室内设暖风装置、电风扇、音响设备等（根据用户需求，厂家还可安装空调器）。

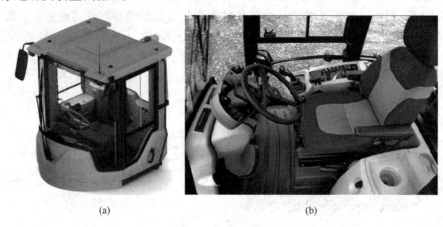

(a)   (b)

图 2-36　装载机驾驶室

（a）驾驶式外观；（b）驾驶室内景

第三章 安全操作规程与标准规范

第一节 安全操作规程

一、通用安全注意事项

（1）驾驶员及有关人员在使用装载机之前，必须认真仔细地阅读使用维护说明书或操作维护保养手册，按资料规定的事项去做，否则会带来严重后果和不必要的损失。

（2）驾驶员穿戴应符合安全要求，并穿戴必要的防护设施。

（3）在范围较小区域作业或危险区域作业时，则必须在其范围内或危险点显示出警告标志。

（4）严禁驾驶员酒后或过度疲劳驾驶作业，不可在身体不佳的情况下操作车辆。

（5）在中心铰接区内进行维修或检查作业时，要装上"防转动杆"以防止前、后车架相对转动。

（6）在装载机停稳之后，应在有蹬梯扶手的地方上下装载机，切勿在装载机作业或行走时跳上跳下。

（7）装载机需要举臂时，必须把举起的动臂垫牢，保证在任何维修、润滑和调整的情况下，动臂绝对不会落下。

安全注意事项示意如图 3-1～图 3-8 所示。

图 3-1 培训合格　　　　　　　　　　图 3-2 身体状况良好

二、装载机严重事故安全警告

（1）装载机下坡严禁发动机熄火。

（2）严禁挂空挡溜坡。

（3）装载机动臂下严禁站人，装载机铲斗内严禁站人。

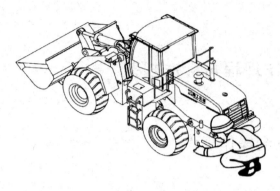
图 3-3　启动前检查车辆

图 3-4　加油严禁吸烟

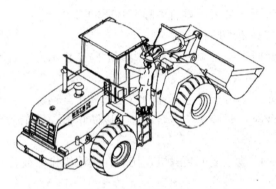
图 3-5　在有蹬梯扶手的地方上下装载机

图 3-6　作业现场禁止闲人入内

图 3-7　铲斗内严禁站人

图 3-8　动臂高举时臂下严禁站人

（4）装载机在运动时，中间铰接处严禁站人。

三、装载机启动前的检查工作

（1）请靠近装载机的所有人员离开。

（2）将车道，工作现场障碍物清理干净，注意现场其他不能清理的障碍物。

（3）装载机检查：

1）轮胎气压应符合规定，前轮（0.30～0.32MPa）后轮（0.28～0.30MPa）。

2）发动机机油，冷却水，燃油管路无渗漏。

3）液压系统，液压油箱油量应充足，管路，接头应无渗漏。

4）制动系统气压管路应无漏气，制动油路无漏油，制动器灵敏可靠。

5）各部分螺栓，接头，连接无松动脱落。

6）检查并确保所有灯具的照明及各显示灯能正常显示。特别应检查转向灯及制动显示灯是否正常显示。

7）调节好座椅以便操作，注意装载机周围是否有人工作。

8）将变速杆置于空挡位置，液压操作装置处于保持位置，不带紧急制动的制动系统应将手制动手柄扳到停车位置。

9）热机时不要检查水箱、油箱，不要触碰消声器、排气尾管以免烫伤。

四、装载机启动的安全注意事项

（1）发动机启动每次不能超过 8 秒，如果第二次启动应间隔 2 分钟以上，不允许在柴油机及启动机尚未停止转动时，再次按下启动按钮。当连续几次不能启动时应停机检查，排除故障。

（2）发动机启动后，应在 $600\sim750r/min$ 进行暖机，水温大于 $55℃$，油温大于 $45℃$，气压大于 $0.4MPa$，方可带负荷运行。低速运转中倾听发动机及其他部位有无异常声响，等制动气压达到安全气压时再准备起步，以确保行车时的制动安全性。

（3）将后视镜调整好，使驾驶员入座后获得较好的视野效果。

（4）确保装载机的喇叭、后退信号灯，以及所有的保险装置能正常工作。

（5）在即将起步或检查转向时，应先按喇叭，以警告周围人员注意安全。

（6）在起步行走前，应试运行所有的操纵手柄、踏板、方向盘，确定已处于正常状态才能开始进入作业。

五、装载机工作中的操作安全注意事项

（一）装载机道路行驶操作注意事项

（1）在行驶中要遵守"交通规则"。若需经常在公路上行驶，司机须持有"机动车驾驶证"。严禁用铲斗载人，驾驶室外侧不可搭乘人员，见图 3-9。

（2）起步前，应先鸣声示意，在行驶中要控制好车速，铲斗应离地 40cm，见图 3-10。

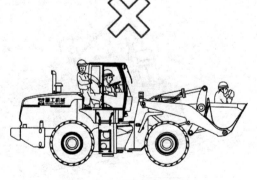

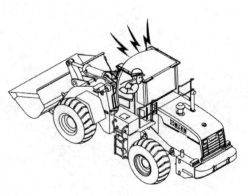

图 3-9　严禁违规载人　　　　　　　　　图 3-10　启动前鸣笛

（3）作业时尽量避免轮胎过分打滑降低轮胎寿命；尽量避免两轮悬空，不允许只有两轮着地而继续作业（单桥受力过大），应避免急行车，急刹车和急转弯，见图3-11。

（4）在通过铁道口时要在确定安全的情况下迅速通过，见图3-12。

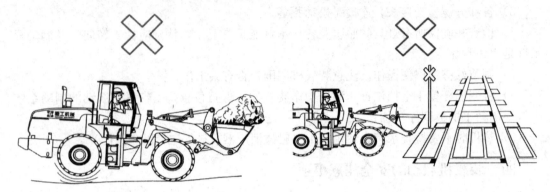

图 3-11　避免急行车，急刹车和急转弯　　　　图 3-12　迅速通过铁路

（5）开车时不可将脚放在作业装置上，或将身体伸出车辆之外，严禁心不在焉，见图3-13。

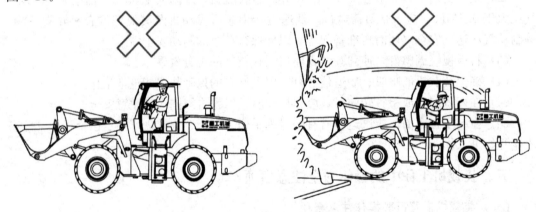

图 3-13　禁止将身体伸出车辆之外

（6）崎岖、光滑路面或山坡上行驶时避免高速行车，路面上有散落物时，有时会使方向盘控制出现困难，因此通行时必须降低速度，见图3-14、图3-15。

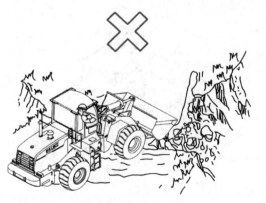

图 3-14　山坡行驶图　　　　　　　　图 3-15　有散落物时降低车速

（7）前方视线不佳时要降低行车速度，必要时应鸣喇叭告知其他车辆或行人，在夜间行车或夜间作业时务必打开适合于照明的灯光，见图3-16、图3-17。

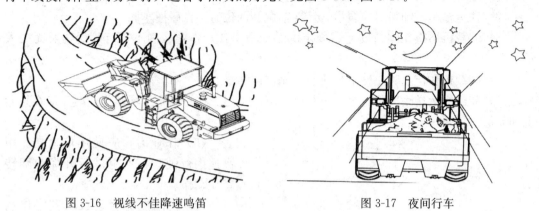

图3-16 视线不佳降速鸣笛　　　　　　　　　图3-17 夜间行车

（8）当车辆在坡上行驶时，发动机突然熄火应立即采取脚制动手制动并用、将铲斗降到地面上的措施，然后下车将物料顶在轮胎可能下滑的方向，见图3-18。

（9）倒车时应仔细观察车辆后方是否有危险，见图3-19。

图3-18 突然熄火　　　　　　　　　　　图3-19 倒车危险

（10）在通过桥梁或其他路面时，应仔细观察确保其有足够的强度使车辆通过，见图3-20。

（11）车辆不得接触架空电缆，即使是靠近高压电缆也可能引起电击，见图3-21。

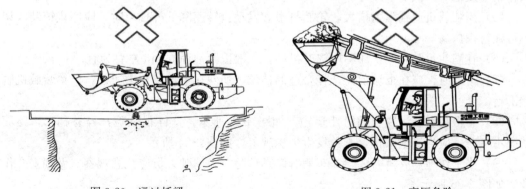

图3-20 通过桥梁　　　　　　　　　　　图3-21 高压危险

（二）配合汽车装载作业操作注意事项

（1）配合汽车工作时，装载时汽车不得在铲斗下通过。

（2）往运输车上卸料时应缓慢，铲斗前翻和回位时不得碰撞车厢。

（3）装载机不得在倾斜度超过规定的场地上工作，作业区内不得有障碍物及无关人员。

（4）装载机在作业时斗臂下禁止有人站立或通过。

（5）装载机运送距离不宜过大，行驶道路应平坦。在石场施工场地作业时，应在轮胎上加装保护链条。

图 3-22　防止铲斗撞击车辆

（6）作业时，应使用低速挡。用高速挡行驶时，不得进行升降和翻转铲斗动作。

（7）夜间工作时装载机及工作场所应有良好的照明。

（8）装载机在工作中，应注意随时清除夹在轮胎（或履带）间的石渣。

（9）经常注意各仪表和指示信号的工作情况，听内燃机及其他各部的运转声音，发现异常时，应立即停车检查，待故障排除后方可继续作业。

（10）当进行装卸时，应注意防止铲斗撞击车辆，且不得将铲斗放置于车辆的驾驶室上方（图 3-22）。

（三）装载机的铲推操作注意事项

（1）装载堆积的砂土时，铲斗宜用低速插入，逐渐提高内燃机转速，向前推进。

（2）在松散不平的场地作业，可将铲臂放在浮动位置，使铲斗平稳地推进，如推进时阻力过大，可稍稍提升铲臂。

（3）装料时，铲斗应从正面插入，防止铲斗单边受力。

（4）铲斗向上或向下动作到最大限度时，应速将操纵杆拨回到空挡位置，防止在安全阀作用下发出噪声或引起故障。

（5）当装载机遇到阻力增大，轮胎打滑和发动机转速降低等现象时，应停止铲装，切不可强行操作。

（6）在满斗行驶时，铲斗不应提升过高，一般以距地面 0.5m 左右为宜。

（7）下坡时，应在下坡前先选择合适的挡位，切勿在下坡过程中换挡，严禁装载机脱挡滑行。

（8）不得高举装载满物料的铲斗运输，如图 3-23 所示，这样很危险，容易翻车，路面状况不良时，应当谨慎操作，避免发生失稳现象，如图 3-24 所示。

（9）当工作地点有落石危险或车辆有倾翻危险时，驾驶人员应注意观察，做到安全作业，如图 3-25 所示。

（10）如在潮湿或松软的地方作业时，应注意车轮的陷落或车辆的滑移，如图 3-26 所示。

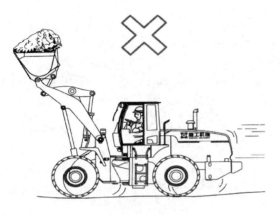

图 3-23　不得高举装满物料的铲斗运行

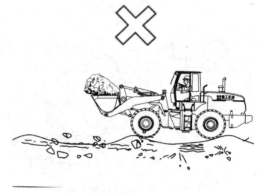

图 3-24　谨慎操作

图 3-25　注意观察

图 3-26　注意车轮的陷落

（11）在雪地工作时，应减少装载量并小心行驶防止车辆打滑，如图 3-27 所示。

（12）作业时不得高速冲入物料堆，如图 3-28 所示。

图 3-27　雪地作业

图 3-28　不得高速冲入物料堆

（13）车辆在装卸物料时应保持垂直，如果从斜方向勉强作业不但会使力会消减同时还会因使车辆失去平衡而不安全，如图 3-29 所示。

（14）在夜间或能见度低的情况下，作业场所必须安装照明设备，如图 3-30 所示。

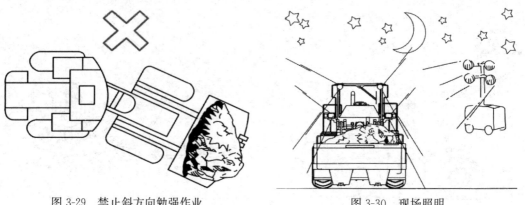

图 3-29　禁止斜方向勉强作业　　　　　图 3-30　现场照明

（15）在危险场地作业时，应派监视员现场指挥，如图 3-31 所示。

（16）当车辆在悬崖边倒土时，应先倒一堆，然后用第二堆去推第一堆，如图 3 32 所示。

图 3-31　危险作业　　　　　　　　　图 3-32　悬崖边倒土

（17）装载物体时不可超过其承受的装载能力，如图 3-33 所示。

（四）装载机的牵引操作注意事项

（1）装载机进行拖、拉牵引时应接在牵引销处（图 3-34）。

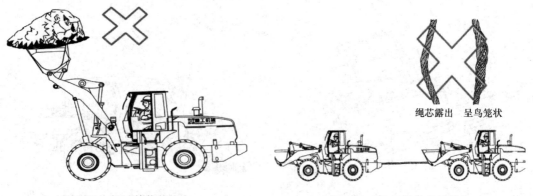

图 3-33　超过其装载能力　　　　　　图 3-34　装载机的牵引操作

（2）牵引设备的牵引架或牵引销应该与装载机的牵引杆或销对中连接。

（3）进行牵引工作时严禁人员跨越牵引绳和牵引装置。

（4）装载机和被牵引设备间严禁站人。

（5）装载机和被牵引设备应保持一定的安全距离，防止出现安全事故。

（6）牵引车辆时任何人不得走到牵引车辆与被牵引车辆之间。

六、装载机停机注意事项

（1）装载机应停放在平地上，并将铲斗平放于地面。当发动机熄火后，需反复多次扳动工作装置操纵手柄，确保各液压缸处于无压休息状态。当装载机只能停在坡道上时，应将轮胎垫牢。

（2）发动机应在 800～1000r/min 转动 7min 左右以便各部分冷却均匀，才能停止发动机。

（3）温低于 0℃时，应将冷却水放出（有防冻液情况且防冻液在有效期内除外）。

（4）检查燃油储量，发动机机油，水管，油管，气管及附件有无渗漏。检查变速箱，变矩器，油泵，转向器，前后桥密封等有无过热。检查传动轴螺栓，轮辋螺栓以及各销轴的固定是否松动。检查轮胎气压及外观是否正常，检查工作装置情况是否正常。

（5）将各种手柄置于空挡或中间位置。

（6）先取走电锁钥匙，然后关闭电源总开关，最后关闭门窗。

（7）不得停在有明火或高温地区，以防轮胎受热爆炸，引起事故。

七、装载机保养注意事项

（1）加油器，加油部位必须清洁。

（2）检查油量时必须将车停于水平地面。

（3）前后桥加油从左右加油口加入，以桥壳油位口溢出为准。

（4）变速箱加油，打开上下油位开关，向变速箱加油管加油，以下油位开关溢油，上油位开关不溢油为加满，启动发动机运行 5min 后再次检查油位，补足下降油位。

（5）液压油箱加油，油箱标尺达到 10～15，启动发动机运行 5min 后，再次检查油位补足。

（6）各种油料不得混用，代用。

（7）电焊时应断开蓄电池端子以防止蓄电池爆炸，如有带电脑控制盒的电液操纵换挡系统，则应切断电路与电脑盒的连接，拔下 EST 电控盒插头（图 3-35）。

（8）亏电状态下对蓄电池充电时应将其从机器上拆卸下来（图 3-36）。

图 3-35　断开电池端子　　　　图 3-36　电瓶亏电

八、新车走合

新车走合共 60h，在走合期内参照下列规定进行使用和保养维护。

（1）新车走合 8h 后进行下列工作：

全面检查各部件螺栓、螺母紧固情况，特别是气缸盖螺栓，排气管螺栓及前后桥固定螺栓轮铜螺母，传动轴连接螺栓等均应全面检查一次。

1）清洗粗、精机油滤清器及燃油滤清器。

2）检查风扇皮带、发电机皮带、空调压缩机皮带的松紧程度。

3）检查变速箱油位。

4）检查液压系统、制动系统密封性。

5）检查各操纵拉杆、油门拉杆的联接固定。

6）检查电器系统各部件温度及联接情况，发电机供电状态，灯光照明及转向信号等工作情况。

（2）走合期间，前进Ⅰ、Ⅱ挡、后退挡等每种挡位应均安排走合。

（3）在走合期内装卸载重不得超过额定数量的 70%。

（4）注意机器的润滑情况，按规定时间更换或添加润滑油。

（5）必须经常注意变速箱、变矩器、前后桥、轮毂以及制动鼓的温度，如有过热现象，应找出原因进行排除。

（6）检查各部件螺栓、螺母紧固情况。

（7）走合期间以装载疏松物料为宜，操作和行走不得过猛、过急。

（8）走合期满后，进行下列工作：

1）清洗变速箱油底壳滤网，更换新油。

2）更换发动机机油。

九、发动机低温启动

将柴油机的机油和冷却液预热至 40～60℃。可以在进气管内安置预热进气装置；选用的柴油，机油牌号应正确，冷却液应用防冻液；对蓄电池采取保温措施或采用加大容量的或特殊的低温蓄电池；如果条件允许应提高车库的环境温度。

注意：在冷却液低于 60℃或高于 100℃情况下连续运转，将有损于柴油机。若冷却液温度过高，应降低柴油机转速或换低一挡，如有必要二者可同时进行，直到温度恢复到正常工作范围。另外要防止柴油机超速，当装载机下坡行走时，须利用变速箱和制动器来控制行进速度和柴油机转速。

每次启动后必须进行暖机，息速空载不宜超过 10min，暖机后逐步加速，加负荷，待冷却液温度高于 55℃，机油温度高于 45℃，机油压力小于 0.7MPa 时，方可全负荷运转。

暖机的目的是在缸套等运动副表面上建立油膜，使活塞膨胀与缸套配合，在车辆起步前使冷却液升温，使整机温升均匀，润滑增压器轴承等。

十、长时间停车或更换机油后的启动

（1）每当更换机油后或停车时间大于 30 天启动柴油机时，必须先使润滑系统充满机油。

（2）关闭油门或卸下停车电磁铁连接导线（有电磁铁），以防柴油机点火启动。

（3）用启动电机转动曲轴直到油压表指示出压力。

（4）打开油门或连接好停车电磁铁导线，然后按正常的操作启动。

（5）新的或大修后的柴油机，须经一定时间的磨合后方可投入全负荷使用。工程机械用柴油机在第一个 60h 的使用时间内，转速应控制在标定转速的 80% 范围内，功率控制在 75% 的范围内进行磨合运行，怠速时间不得大于 5min。

十一、停车

（一）正常停车

所谓正常停车就是在停车前柴油机应逐渐降低转速和负荷并怠速运转 3~5min，再将停车手柄推到停止供油位置。这样可减少和稳定发动机内部冷却液和机油的温度，防止柴油机热负荷大的零部件因突然停车导致温度速降而咬合、拉伤和开裂。

（二）紧急停车

紧急停车就是在紧急情况下直接将停车手柄推至停止供油位置。一般采取紧急停车的情况有：柴油机断水、断油，车辆工作或行驶中发生意外情况等。

一般情况下不得对发动机进行紧急停车，因为紧急停车后润滑系统的动力源—机油泵和冷却系统的动力源—水泵这两个部件将停止工作，也就意味着机油和冷却液将停止循环。而当柴油机紧急停车后柴油机的曲轴轴颈、气缸部件和增压器等部件的温度是很高的，其热量得不到有效散发易造成抱死等不良后果。例如：紧急停车后的水箱或膨胀水箱翻水，紧接着出现柴油机启动故障等现象等。所以，紧急停车对发动机会产生很大危害，如造成柴油机局部温度升高，零部件的运动表面易产生拉痕、拉伤等。

第二节 相关标准规范

一、《土方机械 装载机 术语和商业规格》GB/T 25604—2017

《土方机械 装载机 术语和商业规格》标准规定了 GB/T 8498 中定义的用于土方作业的自行履带式和轮胎式装载机及其工作装置的术语和商业规格及其技术文件中的内容，具体包括术语和定义、主机、工作装置和附属装置、性能术语、商业文件的技术规格。

二、《土方机械 安全 第3部分：装载机的要求》GB 25684.3—2010

《土方机械 安全 第3部分：装载机的要求》标准适用于 GB/T8498 定义的装载机，规定了本范围的土方机械在制造商指定用途和预知的误操作条件下应用时，与其相关的重大危险、危险状态或危险事件；并规定了在使用、操作和维护中消除或降低重大危险、危险状态或危险事件引起的风险的技术措施。

三、《土方机械 轮胎式装载机 试验方法》GB/T 35198—2017

《土方机械 轮胎式装载机 试验方法》标准规定了轮胎式装载机的试验前准备和试验

方法。

四、《土方机械 轮胎式装载机 技术条件》GB/T 35199—2017

《土方机械 轮胎式装载机 技术条件》规定了轮胎式装载机的术语和定义、型号、要求、试验方法、检验规则、标志、包装、运输和贮存。

五、《土方机械 机器安全标签 通则》GB 20178—2014

该标准规定了牢固粘贴在土方机械上的机器安全标签设计和使用的通则和要求，概述了标志的目的，规定了基本形式和颜色，提供了制定安全标签各组成带的指南。该标准的目的是提供土方机械的机器安全标签设计和应用的一般原则，提醒人们注意危害，描述该种危害的性质，并描述危害产生的潜在伤害的结果，以及指示人们如何规避危害。随着国际贸易和商业的持续发展，有必要建立起一种通用的传递安全信息的交流方法。《土方机械 机器安全标签 通则》GB 20178—2014 标准为符合使用图形方式传递安全信息协调系统的全球需要，尽可能少地使用文字信息。当某些必需的安全信息不能以图形方式进行交流时，才会使用含有文字的机器安全标签。宣传教育在任何传递安全信息系统中都是必不可少的组成部分。虽然安全色和安全标志在任何安全信息系统中都是必不可少的，但仅能用其作为工作场所管理实践（例如正确的工作方法、指令以及事故预防措施和培训）的补充。

六、《建筑施工土石方工程安全技术规范》JGJ 180—2009

《建筑施工土石方工程安全技术规范》对土石方开挖设备，土方平整和运输设备提出了要求，规定了场地平整，基坑工程，边坡工程等土石方工程的作业要求。

七、《公路路基施工技术规范》JTG/T 3610—2019

《公路路基施工技术规范》规定了公路路基施工总则，术语、符号，施工准备，一般路基施工，路基排水，特殊路基施工，冬、雨季路基施工，路基防护与支挡，路基安全施工与环境保护和路基整修与交工验收的技术要求。

八、《施工现场机械设备检查技术规范》JGJ 160—2016

《施工现场机械设备检查技术规范》规定了施工现场机械设备管理检查的要求。

九、《土方机械 产品型号编制方法》JB/T 9725—2014

《土方机械 产品型号编制方法》标准规定了土方机械整机产品型号的编制原则和方法。

第四章 驾驶与操作

第一节 图解装载机主要参数

装载机主要几何参数包括整机长度、高度、宽度、卸载高度、卸载角、最小转弯半径、最大转向角度等，具体内容如图 4-1 所示。

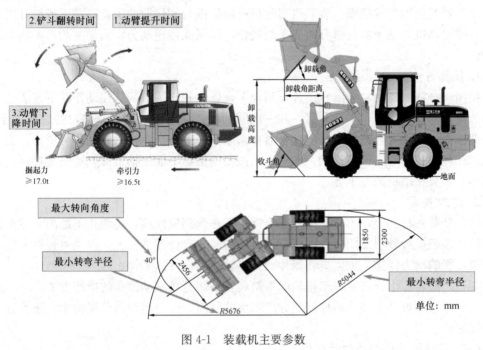

图 4-1 装载机主要参数

第二节 装载机驾驶操作要点

一、驾驶操纵机构的训练

装载机的操纵装置包括方向盘、离合器踏板、加速踏板、变速与换向操纵杆、起升与倾斜操纵杆、制动踏板与驻车制动操纵杆六大操作部件。

（一）方向盘的运用

方向盘是装载机转向机构的主要机件之一。正确运用方向盘，能够确保装载机沿着正确路线安全行驶，在需要的情况下使机器转弯，并能减少转向机件和轮胎的非正常磨损。

1. 操作方法

在平直道路上行驶时，两手操作方向盘时动作应平衡，以左手为主，右手为辅，根据行进前方车辆、人员、通道等情况做必要的修正，一般不得左右晃动。

2. 使用注意事项

（1）转弯时应提前减速（在平整路面上走行转向时，速度不得超过 5km/h），尽量避免急转弯。

（2）在高低不平的道路上，横过铁路道口行驶或进出车门时，应紧握方向盘，以免方向盘受装载机颠簸的作用力而猛烈振动或转向而击伤手指或手腕。

（3）转动方向盘不可用力过猛，装载机运行停止后，不得原地转动方向盘，以免损伤转向机件。

（4）当右手操纵起升手柄、倾斜手柄时，左手可通过快转手柄单手操纵控制方向盘。

（二）离合器的运用

离合器的使用非常频繁。装载机驾驶员可以根据装卸作业的需要，踏下或松开离合器踏板，使发动机与变速器暂时分离或平稳接合，切断或传递动力，满足装载机不同工况的要求。

1. 操作方法

使用离合器时，用左脚踏在离合器踏板上，以膝和脚关节的伸屈动作踏下或放松。踏下即分离，动作应迅速、干净利落，并一次踏到底，使摩擦片彻底分离，切忌拖泥带水；松抬即接合，放松离合踏板时一般离合器在尚未接合前的自由行程内动作可稍快。当离合器摩擦片开始接合时应稍停片刻，然后逐渐慢慢松抬，不能松抬过猛，待完全接合后迅速将脚移开，放在踏板的左下方。

2. 注意事项

（1）装载机行驶中，不论是高挡换低挡，还是低挡换高挡，均禁止不踏离合器换挡。

（2）装载机行驶不使用离合器时，不得将脚放在离合器踏板上，以免离合器发生半联动现象，影响动力传递，加剧离合器片、分离轴承等机件的磨损。

（3）一般若非十分必要，不得采取不踏离合器而直接制动停车的操作方法。

（4）经常检查并保持分离杠杆与分离轴承的间隙，并对离合器分离轴承、座、套等按时检查加油。

（三）变速器的作业挡位及操作

装载机变速器挡位一般分为五个挡，即：空挡、前进一挡、前进二挡，后退一挡、后退二挡。装载机在行驶和作业中，换挡比较频繁，换挡应及时，动作准确、迅速，合理换挡对于提高作业效率、延长装载机的使用寿命、节省燃料起着重要作用。

1. 操作方法

（1）速度控制杆

速度控制杆用于控制机器的行走速度，将速度控制杆放置在合适的位置可得到所希望的速度范围，第一挡和第二挡用于作业，第三挡和第四挡用于行走。当使用速度控制杆止动块时，不能切换到第三挡和第四挡，因此应在换挡之前先将速度控制杆止动块脱开。

（2）方向杆

方向杆用于改变机器的行走方向，如果方向杆不在 N 位置，发动机不能启动。方向杆一般有三个位置，即位置 1：向前；位置 N：空挡；位置 2：后退。

（3）速度控制杆止动块

速度控制杆止动块是为了防止机器在进行作业时，速度控制杆进入到第三挡位置。速度控制杆止动块有两个工作位置，位置 1：止动块起作用；位置 2：止动块松开。

2. 注意事项

操纵变速杆换挡时，右手要握住变速杆，换挡结束后立即松开，动作要干净利落，不得强推硬拽。方向变化时，必须待装载机停稳后，方可换挡，以免损坏机件；应根据车速变化情况及时变换挡位，不可长时间以启动用的低速挡作业。

（四）制动器的运用

在运行中，装载机的减速或停车，是靠驾驶员操作制动器和驻车制动器来实现的。正确合理地运用制动器是保证作业安全的重要条件，同时对减少轮胎的磨损，延长制动机件的使用寿命有着直接的影响。使用制动器应注意以下问题：

1）不得穿拖鞋开车。

2）装载机在雨、雪、冰冻等路面或站台上行驶时，不得进行紧急制动，以免发生侧滑或掉下站台。

3）一般情况下，不得采取不用离合器而进行制动停车的操作方法。

4）不得以倒车代替制动（紧急情况下除外）。

5）使用驻车制动前，必须先用制动器使车停住。使用驻车制动器时，不可用力过猛，以防推杆体、护杆套脱落，卡住制动蹄片。运行时严禁用驻车制动，只有在制动器失灵，又遇紧急情况需要停车时，才可用驻车制动紧急停车。停车时，必须拉紧驻车制动。

（五）加速踏板的操作

操纵加速踏板要以右脚跟为支点，前脚掌轻踩加速踏板，用脚关节的伸屈动作踩下或放松。操纵时要平稳用力，不得猛踩、快踩、连续抖动。

（六）控制杆的操作

1. 操作方法

装载机操作分为单操纵杆控制和双操纵杆控制，如图 4-2 所示，一般来说两个操作杆的装载机，右边那根是动臂操纵杆，从后向前依次是举升，停止，下落，水平。操作时动臂到达预定的位置，然后操纵杆即可返回"保持位置"。左边的那根是铲斗控制杆，从后向前依次是，收铲，停止，放铲，松手即归位返回"保持"位置。单操作杆装载机操作杆为四向，即：向后是动臂举升，向前是动臂下降，向左是收铲斗，向右是放铲斗。

(a)　　　　　　　　　　　　　　　(b)

图 4-2　装载机驾驶室操作杆

(a) 单操纵杆；(b) 双操纵杆

2. 注意事项

铲装散料时应使铲斗保持水平，然后操纵动臂操纵杆使铲斗与地面接触，同时，使装载机以低速前进，插入料堆，再一边前进一边收斗，待装满后再举臂到运输状态。如铲满斗有困难，可操纵转斗操纵杆，使铲斗上、下颤动或稍微举臂。挖掘时，应将铲斗转到与地面呈一定角度，并使装载机前进铲挖物料或土壤。切土深度应保持在 150～200mm。铲斗装满后，再"举臂"到距地面约 400mm 位置，再后退、转动、卸料。无论铲装还是挖掘，均应避免铲斗偏载，不允许在收斗或半收斗而未举臂时就前进，以免造成发动机熄火或其他事故。

作业场地狭窄或有较大障碍物时，应先清除、平整，以便于正常作业。当铲装阻力较大，出现履带或轮胎打滑时，应立即停止铲装，切不可强行操作。若阻力过大，造成发动机熄火时，应待重新启动后做与铲装作业相反的作业动作，以排除过载。

铲斗满载越过大坡时，应低速缓行，到达坡顶。机械重心开始转移时，应立即踏动制动踏板停车，然后再慢慢松开（履带式装载机此时应使履带斜向着地），以减小机械颠簸、冲击。

二、启动与熄火

（一）启动

启动前，应检查冷却液高度、机油和燃油量、蓄电池电解液液面高度、灯光、仪表、轮胎气压等。驾驶员按照启动前应检查的程序、内容、要求，进行认真检查后方可启动。

1. 操作方法

正常启动发动机，检查机器周围无人或障碍物，然后鸣喇叭和启动发动机。不能让启动发动机连续转动 20s 以上，如果发动机没能启动，至少要等 2min 才能再次启动。

将钥匙开关的钥匙转到 ON 位置，如图 4-3（b）所示。然后将加速踏板轻轻踏下，如图 4-3（c）所示。将启动开关的钥匙转到启动位置将发动机启动，如图 4-3（d）所示。当发动机已启动，将启动开关的钥匙放开，钥匙将自动返回到 ON 位置，如图 4-3（e）所示。

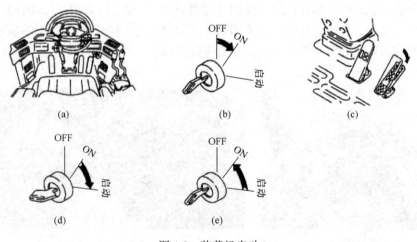

图 4-3　装载机启动

1）拉紧驻车制动，将变速杆置于空挡位置。

2）打开点火开关，接通点火线路。

3）左脚踏下离合器踏板，右脚稍踏下加速踏板，旋转启动旋钮或按钮。

4）发动机启动后，待发动机怠速运转稳定后，松开离合器踏板，保持低速运转，逐渐升高发动机温度，切勿猛踩加速踏板，以免造成机油压力过高，发动机磨损加剧。

2. 注意事项

1）发动机在低温条件下，应进行预热，一般可采用加注热水的方法并用手摇柄摇转曲轴，使各润滑面得到较充分的润滑，严禁使用明火预热。严寒情况下冷机启动时，先用手转动风扇，防止水泵轴冻结，转动汽油泵摇臂，使化油器内充满汽油，预热发动机再行启动。

2）启动机一次工作时间不得超过 5s，切不可长时间按住按钮不放，以免损坏启动机和蓄电池。连续启动不超过 2 次，每次之间的间隔应为 10～15s。如连续 3 次仍然启动不了，应进行检查，待故障排除后，再行启动。

3）禁止使用拖拉、顶撞、溜坡或猛抬离合器踏板的方法进行启动，以免损伤机件及发生事故。

（二）熄火

装载机作业结束需要停熄时，应先以怠速运转数分钟，待机件得到均匀冷却后，操纵停车手柄，使喷油泵柱塞转至不供油位置，便可停息。在停熄发动机前，切勿猛踏加速踏板轰车，这不仅会浪费燃料，而且还会增加发动机的磨损。如果在发动机温度过高时熄火，首先应使发动机怠速运转 1～2min，使机件均匀冷却，然后再关闭点火开关，将发动机停熄。

三、起步与停车

（一）起步

装载机起步是驾驶训练最常用、最基础的科目，主要包括平路起步和坡道起步。装载机完成启动操作后，发动机运转正常，无漏油、漏水现象，铲斗收放平稳，便可以挂挡起步。

1. 平路起步

装载机在平路上起步时，身体应保持正确的驾驶姿势，两眼注视前方道路和交通情况，不得低头看，操作要领是：

1）左脚迅速踏下离合器踏板，右手将变速杆挂入一挡，换向杆挂入前进挡或倒挡。一般应用低速挡起步，可用Ⅰ挡；

2）松开驻车制动操纵杆、打转向灯、鸣笛；

3）在慢慢抬起离合器踏板的同时，平稳地踏下加速踏板，使装载机慢慢起步。起步时应保证迅速、平稳，无冲动、振抖、熄火现象，操作动作应准确。

4）平稳起步的关键在于离合器踏板和加速踏板的配合。离合器与加速踏板的配合口诀："左脚快抬听声音，音变车抖稍一停，右脚稳踏加速板，左脚慢抬车前进。"

2. 坡道起步

（1）操作要领

1）在 10°坡道上行驶至坡中停车时，发动机不熄火，挂入空挡，靠制动及加速踏板保持动平衡，车不下滑。

2）起步时，挂入前进一挡，踩下加速踏板，同时松抬离合器踏板至半联动，并松开驻车制动器，再接着逐渐加速，松开离合器踏板，起步上坡前进。

3）起步时，若感到后溜或动力不足，应立即停车，重新起步。

（2）操作要求

1）坡道上起步时，起步平稳，发动机不得熄火。

2）装载机不能下滑，车轮不能空转。

3）换挡时不能发出声响。

（二）停车

1. 操作要领

1）松开加速踏板，打开右转向灯，徐徐向停车地点停靠。

2）踏下制动踏板，当车速较慢时踏下离合器踏板，使装载机平稳停下。

3）拉紧驻车制动杆，将变速杆和方向操纵杆移到空挡。

4）松开离合器踏板和制动踏板，关闭转向灯和启动开关。

2. 操作要求

1）熟记口诀："减速靠右车身正，适当制动把车停，拉紧制动放空挡，踏板松开再熄火。"

2）把握关键，平稳停车的关键在于根据车速的快慢适当地运用制动踏板，特别是在要停住时，应适当放松一下踏板。具体方法包括：轻重轻、重轻重、间歇制动、一脚制动等。

四、直线行驶与换挡

（一）直线行驶

直线行驶主要包括起步、行驶，应注意离合器、制动器和加速踏板的使用以及换挡操作等。

1. 操作要领

1）直线行驶时，应看远顾近，注意两旁。

2）操纵方向盘，应以左手为主，右手为辅，或左手握住方向盘手柄操作。双手操作方向盘用力应均衡、自然，应细心体会方向盘的游动间隙。

3）如路面不平，车头偏斜时，应及时修正方向。修正方向时应少打少回。

2. 注意事项

1）驾驶时身体应坐直，左手握住快速转向手柄，右手放在方向盘下方，目视装载机行进的前方，精力集中。

2）开始练习时，由于各种操作动作不熟练，禁止开快车。

3）行驶中，除有时一手必须操作其他装置外，不得用单手操作方向盘。

（二）换挡

1. 装载机挡位

装载机挡位一般分为方向挡和速度挡，即前进挡和后退挡、低速挡和高速挡。装载机行驶中，应根据情况及时换挡。在平坦的路面上，装载机起步后应及时换上高速挡(图 4-4)。

2. 换挡操作要领

低速挡换高速挡叫加挡，高挡换低挡叫减挡。

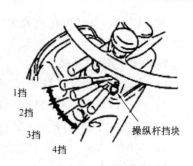

图 4-4　装载机换挡

1）加挡通常用两脚离合器。先加速，当车速上升后，踏下离合器踏板，变速杆移入空挡，抬起踏板，再迅速踏下并将变速杆推入高速挡。最后在抬起离合器踏板的同时，缓缓加油。

2）减挡通常用两脚离合器，中间踏下加速踏板。先放松加速踏板，使装载机减速，然后踏下离合器踏板，将变速杆移入空挡，在抬起离合器踏板后踏下加速踏板，再踏下离合器踏板，并将变速杆挂入低挡，最后在放松离合器踏板的同时踏下加速踏板。

装载机在行驶中，驾驶员应准确地掌握换挡时机。加挡过早或减挡过晚，都会因发动机动力不足造成传动系统抖动；加挡过晚或减挡过早，则会使低挡使用时间过长，而使燃料经济性变坏，因此必须掌握换挡时机，做到及时、准确、平稳、迅速。

3. 注意事项

1）换挡时两眼应注视前方，保持正确的驾驶姿势，不得向下看变速杆。

2）变速杆移至空挡后不可来回晃动。

3）齿轮发响和不能换挡时，不得硬推，应重新换挡。

4）换挡时应掌握好转向盘。

五、转向与制动

（一）转向

装载机在行驶中，常因道路情况或作业需要而改变行驶方向。装载机转向是靠偏转后轮完成的，因此装载机在窄道上作直角转弯时，应特别注意外轮差，防止后轮出线或剐碰障碍物。

1. 操作要领

当装载机驶近弯道时，应沿道路的内侧行驶，在车头接近弯道时，逐渐将转向盘转到底，使内前轮与路边保持一定的安全距离。驶离弯道后，应立即回转方向，并按直线行驶。

2. 注意事项

1）应正确使用转向盘，弯缓应早转慢打，少打少回；弯急应迟转快打，多打多回。

2）转弯时，车速应慢转动转向盘，不能过急，以免造成侧滑。

3）转弯时，应尽量避免使用制动，尤其是紧急制动。

（二）制动

制动是降低车速和停车的手段，是保障安全行车和作业的重要条件，也是衡量驾驶员驾驶操作技术水平的一项重要内容。一般按照需要制动的情况，可分为预见性制动和紧急制动两种。

预见性制动即驾驶员在驾驶装载机行驶作业中，根据行进前方道路及工作情况，提前做好准备，有目的地采取减速或停车的措施。

紧急制动即驾驶员在行驶中突遇紧急情况，所采取的立即正确使用制动器，在最短的距离内将车停住，避免事故发生的措施。

1. 制动的操作要领

1) 确定停车目标，放松加速踏板。

2) 均匀地踩下制动踏板，当车速减慢后，再踩下离合器踏板，平稳停靠在预定目标。

3) 拉紧驻车制动杆，将变速杆和方向操作杆移至空挡。

4) 关闭点火开关，发动机熄火。

2. 定位制动

在距装载机起点线 20m 处，放置一个定点物，装载机制动后，要求铲斗能够触到定点物但不能将其撞倒。

（1）操作要求

1) 装载机从起点线起步后，以高速挡行驶全程，换挡时不能发出响声。

2) 制动后发动机不能熄火。

3) 斗齿轻轻接触定点物，但不能将其撞倒。

（2）操作要领

1) 装载机从起点线起步后，立即加速，并换入高速挡。

2) 根据目标情况，踩下制动踏板，降低车速。

3) 当接近目标时应踏下离合器踏板，并在装载机前叉距目标 10cm 时，踩下制动踏板将车停住。

4) 将变速杆放入空挡，松开离合器和制动踏板。

3. 注意事项

1) 装载机在雨、雪、冰等路面或站台上行驶时不得紧急制动，以免发生侧滑或掉下站台。

2) 一般情况下，不得采取不用离合器而直接制动停车的方法，不得以倒车代替制动（紧急情况下除外）。

3) 使用驻车制动时，必须先用脚制动将车制动住，然后再用驻车制动。一般情况下使用驻车制动时，不可用力过猛，以防推杆、护杆套脱落，卡住制动蹄片。运行时严禁用驻车制动，但当脚制动失灵，又遇紧急情况需要停车时，也可用驻车制动紧急停车，停车时，必须实施驻车制动。

六、倒车与调头

（一）倒车

1. 操作要领

装载机后倒时，应先观察车后情况，并选好倒车目标。挂上倒挡起步后，应控制好车速，注意周围情况，并随时修正方向。

倒车时，可以注视后窗倒车、注视侧方倒车、注视后视镜倒车。以装载机纵向中心线对准目标中心、装载机车身边线或车轮靠近目标边缘。

2. 操作要求

1) 装载机倒车时，应先观察好周围环境，必要时应下车观察。

2）直线倒车时，应使后轮保持正直，修正时应少打少回。

3）曲线倒车应先看清车后情况，在具备倒车条件时方可倒车。

4）倒车转弯时，在照顾全车动向的前提下，还应特别注意后内侧车轮及其他部件是否会驶出路外或碰及障碍物。在倒车过程中，内前轮应尽量靠近桩位或障碍物，以便及时修正方向避让障碍物。

3. 注意事项

1）应特别注意内轮差，防止内前轮出线或刮碰障碍物。

2）应注意转向、回转方向的时机和速度。

3）曲线倒车时，尽量靠近外侧边线行驶，避免内侧剐碰或压线。

4）装载机后倒时，应先观察车后情况，并选好倒车目标。

（二）调头

装载机在行驶或作业时，有时需要调头改变行驶方向。调头应选择较宽、较平的路面。

1. 操作要领

先降低车速，换入低挡，使装载机驶近道路右侧，然后将转向盘迅速向左转到底，待前轮接近左侧路边时，踏下离合器踏板，并迅速向右回转方向，制动停车。

挂上倒挡起步后，向右转足方向，到适当位置，踩下离合器踏板，向左回转方向，制动停车。

当在道路较窄时，重复以上动作。调头完成后，挂前进挡行驶。

2. 操作要求

1）在调头过程中不得熄火，不得转死方向，车轮不得接触边线。

2）车辆停稳后不得转动转向盘。

3）必须在规定时间内完成调头。

3. 注意事项

在保证安全的前提下，尽量选择便于调头的地点，如交叉路口、广场，平坦、宽阔、土质坚硬的路段。避免在坡道、窄路或交通复杂地段进行调头。禁止在桥梁、隧道、涵洞或铁路交叉道口等处调头。

1）调头时采用低速挡，速度应平稳。

2）注意装载机后轮转向的特点。

3）禁止采用半联动方式，以减少离合器的磨损。

第三节 场地驾驶实操训练

学会装载机的基本驾驶动作之后，还应根据实际需要，进行更严格的场地实操训练。装载机场内驾驶即将前面所学的起步、换挡、转向、制动、停车等单项操作，在规定的场地内，按规定的标准和要求进行综合练习。通过练习，可以培养、锻炼驾驶员的目测判断能力和驾驶技巧，提高其装载机驾驶操作技术水平。

一、直弯通道行驶

装载机在作业时，经常在狭窄的直弯通道中行驶，必须考虑场地的通道宽度和装载机的转弯半径，只有正确驾驶、操作，才能保证安全顺利地作业。训练场地的路宽应根据训练机器的大小尺寸来确定。推荐的场地设置如图 4-5（a）所示：

（一）操作要求

装载机起步后前进行驶，经过右转一左转一左转一右转后，到达停车位；然后接原路后退行驶，经过右转一左转一左转一右转后，返回到起始位置。行驶过程中应保持匀速行驶，做到不刮、不碰、不熄火、不停车。

（二）操作要领

1）前进的装载机进入训练区应尽量靠近内侧边线，内侧车轮与内侧边线应保持适当的距离，并保持平行前进。距离直角 1 ～ 2m 处减速慢行。待装载机动臂与折转点平齐时，迅速向左（右）转动转向盘至极限位置，使装载机内前轮绕直角转动；直到后轮将越过外侧边线时，再回转方向盘。将方向回正后，按新的行进方向行驶，完成此次前进操作。

2）后退时装载机后轮应沿外侧行驶，为前轮留下安全行驶距离。当装载机横向中心线与直角点对齐时，迅速向左（右）转动方向盘到极限位置，待前轮转过直角点时立即回转方向摆正车身，继续后退行驶。

（三）注意事项

1）应特别注意外轮差，防止后轮出线或刮碰障碍物。

2）应控制好车速，注意转向、回转方向的时机和速度。

3）操作时用低速挡匀速通过。

4）尽量靠近内侧边线行驶，转向要迅速，注意不要刮碰。

5）转弯后应注意及时回正方向，避免刮碰内侧。

二、绕 8 字形训练

绕 8 字可以进一步练习装载机的转向，训练驾驶员对转向盘的使用和行驶方向的控制意图，训练场地的路宽要根据训练机器的大小尺寸来确定。推荐的场地设置如图 4-5（b）所示：

（一）操作要求

1）车速不宜过快，操作时用同一挡位行驶全程。待操作熟练后，再适当加速。

2）装载机行进时，内、外侧不能刮碰或压线。

3）中途不能熄火、停车。

（二）操作要领

1）装载机从 8 字形场地顶端驶入，加速踏板运用应平稳，并保持匀速行驶，防止装载机动力不足。

2）装载机稍靠近内圈行驶，前内轮尽量靠近内圆线，随内圆变换方向，避免外侧剐碰或压线。

3）通过交叉点时，在装载机与待驶入的通道对正时及时回正方向，同时改变目标，并向另一侧转向继续行驶。转向应快而适当，修正应及时少量。

4）装载机后倒时，后外轮应靠近外圈，随外圈变换方向，如同转大弯一样，随时修正方向。

（三）注意事项

1）应特别注意外轮差，防止后轮出线或刮碰障碍物。

2）注意转向、回转方向的时机和速度。

3）尽量靠近内侧边线行驶，避免外侧剐碰或压线。

4）转弯后应注意及时回正方向。同时改变目标，并向另一侧转向，继续行驶。

三、侧方移位训练

装载机在作业中，采用前进和后倒的方法，由一侧向另一侧移位，称作侧方移位。训练场地的路宽应根据训练机器的大小尺寸确定。推荐的场地设置如图 4-5（c）所示：

（一）操作要求

1）按规定的行驶路线完成操作，两进、两倒完成侧方移位至另一侧后方时，要求车正、轮正。

2）操作过程中车身任何部位不得碰、挂桩杆，不准越线。

3）每次进退过程中，不得中途停车，操作中不得熄火，不得使用"半联动"和打"死方向"。

（二）操作要领

1. 装载机从左侧（甲库）移向右侧（乙库）

（1）第一次前进起步后稍向右转向，使左侧沿标志线慢慢前进，当铲斗前端距前标志线 0.5m 时，迅速向左转向全车身朝向左方。在距标志线约 30cm 时，踏下离合器，向右快速回转方向并停车。

（2）第一次倒车起步后继续将方向向右转到底，并边倒车边向左回转方向。当车尾距后标志线 0.5m 时，迅速向右转向并停车。

（3）第二次前进起步后向右继续转向，然后向左回正方向，使装载机前进至适当位置停车。

（4）第二次倒车应注意修正方向，使装载机正直停在右侧库中。

2. 装载机从右侧（乙库）向左侧（甲库）移位

装载机从右侧（乙库）向左侧（甲库）移位的要领与装载机从左侧（甲库）移向右侧（乙库）的要领基本相同。

四、倒进车库训练

倒进车库训练推荐的场地设置如图 4-5（d）所示：

（一）操作要领

1. 前进

倒进车库前，装载机以低速挡起步，先靠近车库一侧的边线行驶。当前轮接近库门右桩杆时，迅速向左转向，当前进至铲斗距边线约 1m 时，迅速并适时地回转转向盘，同时立即停车。

2. 后倒

后倒前，看清后方，选好倒车目标，起步后继续转向，注意左侧，使其沿车库一侧慢慢后倒，并兼顾右侧。当车身接近车库中心线时，及时向左回正方向，并对方向进行修

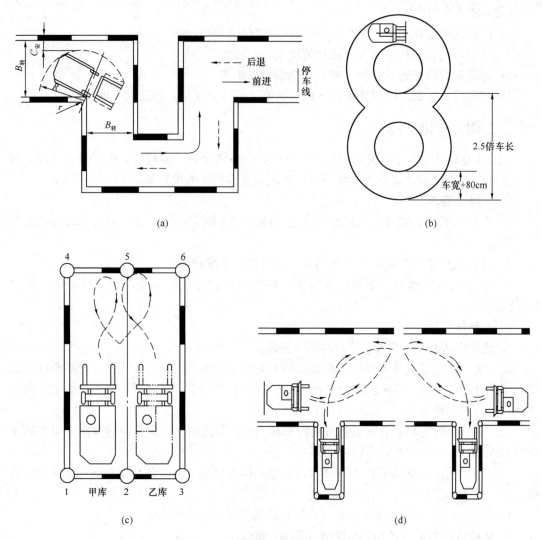

图 4-5　推荐的场地实操训练规划图

（a）直弯通道行驶；（b）绕 8 字形训练；（c）侧方位训练；（d）倒进车库训练

正，使装载机在车库中央行驶。当车尾与车库两后桩杆相距约 20cm 时，立即停车。

（二）注意事项

应注意观察两旁，进退速度应慢，确保不刮不碰；装载机应正直停在车库中间，铲斗和车尾不超出库外或库线之外。

第五章　施工作业

第一节　装载机的选择

一、装载机选购注意事项

（一）选购装载机要看厂家

由于生产装载机的门槛低，导致近几年生产厂家不断涌出。如何辨别厂家的技术实力非常重要，因为这直接影响了产品的质量。生产装载机有 10 年以上历史的企业并不多，真正专业生产装载机的企业可谓凤毛麟角。创办时间短的企业往往存在着经验不足，研发实力不足，售后服务不到位等问题，其常实行低价策略而获取利润，并将主要精力放在销售上而非产品质量上，生产出的产品经不起长时间使用。如需购买装载机，最好去生产企业进行实地考察。

（二）选购装载机要看价格

和其他所有行业一样，如果一台机器的价格低于行业的平均价格，那么购买者应该引起警觉。在没有达到规模化生产的条件下（如流水线生产），过于低廉的价格不代表低利润，而代表低成本，低成本将会直接影响到机械的寿命和使用效果，甚至暗示着企业对售后和研发方面不会有过多投入。一些购买者由于对技术不是非常了解，很容易贪图便宜的劣质产品，到最后得不偿失，只能重新购买，不但浪费了金钱，也耽误了使用。

（三）选购装载机要看机器的使用效果

机器的使用效果主要表现在以下几个方面：

1）工作速度。

2）自重，机械的自重反映了用料是否充足，一定程度上反映了产品是否耐用。

3）耗油量。

4）使用寿命。

5）售后服务。

售后服务最能体现一个企业的实力，应关注其维修能力，配件供应能力，售后服务工作人员态度及工作效益。

二、装载机选用原则

选购装载机时应从施工条件出发考虑机械设备类型与施工环境的相符性，充分考虑适应性，先进性，通用性和专用性等因素。施工条件指施工场地的地质、地形、工程量大小和施工进度等，特别是工程量和施工进度，是合理选择机械设备的重要依据。

1）机型的选择：主要依据作业场合和用途进行选择和确定。一般在采石场和软基地进行作业，多选用轮胎装载机配防滑链，履带式装载机。

2) 动力的选择：一般多采用工程机械用柴油发动机，在特殊地域作业，如海拔高于3000m的地方，应采用特殊的高原型柴油发动机。

3) 传动形式的选择：一般选用液力—机械传动。其中关键部件是变矩器形式的选择。我国生产的装载机多选用双涡轮、单级两相液力变矩器。

4) 在选用装载机时，还应充分考虑装载机的制动性能，包括行车制动、停车制动和紧急制动三种，制动器有鼓式、钳盘式和湿式多片式三种。制动器的驱动机构一般采用加力装置，其动力源有压缩空气，气顶油和液压式三种，常用的是气顶油制动系统，一般采用双回路制动系统，以提高行驶的安全性。

第二节　装载机的作业方式

一、装车作业

装车作业的方式一般分为"V"式、"I"式、"L"式和"T"式四类（图 5-1）。这 4 种作业方法各有其优缺点，至于施工中具体选用哪种方法，必须对具体问题进行具体分析。

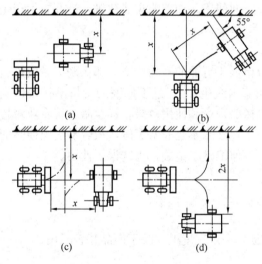

图 5-1　装载机作业方法
(a) "I"形作业法；(b) "V"形作业法；
(c) "L"形作业法；(d) "T"形作业法

1) "V"式装载作业方式，自卸汽车与工作面之间呈 $50°\sim60°$，而装载机的工作过程则根据本身结构和形式而有所不同。对于履带式装载机和刚性车架后轮转向的轮胎式装载机，作业时装载机装满铲斗后，在倒车驶离工作面的过程中调头 $50°\sim60°$，使装载机垂直于自卸汽车，然后驶向自卸汽车卸载；卸载后，装载机倒车驶离自卸汽车，再调头驶向料堆，进行下一个作业循环。对于铲接车架的轮胎式装载机，装载机装满铲斗后，可直线倒车后退 $3\sim5m$，然后使前车架转动 $50°\sim60°$，再驶向自卸汽车进行卸载。"V"式作业法工作循环时间短，作业效率高，在许多场合得到了广泛的应用。

2) "I"式装载作业方式即运输车辆与装载机在作业面前以交替前进和倒车的形式进行装载。作业时装载机装满铲斗后进行直线后退，在装载机后退一定距离并将铲斗举升到卸载位置的过程中，自卸汽车后退到与装载机相垂直的位置，然后装载机向自卸汽车卸载；卸载后，自卸汽车向前行驶一段距离，以保证装载机可以自由地驶向工作面以进行下一个作业循环，直到自卸汽车装满为止。这种作业方式可省去装载机的调头时间，对于不易转向的履带式和整体车架式装载机而言是比较有利的；但由于自卸汽车要频繁地前进和后退，两机器间容易相互干扰，增加了装载机的作业循环时间。因此，如采用该作业方法，装载机和自卸汽车的驾驶员必须有熟练的驾驶技术。

3）"L"式装载作业方式即自卸汽车垂直于工作面，装载机铲装物料后倒退并调转90°，然后驶向自卸汽车卸载；卸载后倒退并调转90°驶向料堆，进行下次铲装作业。在运距小、作业场地比较宽阔的情况下可采用该方法作业，装载机可同时与两台自卸汽车配合作业。

4）"T"形作业法即自卸汽车平行于工作面，但距离工作面较远，装载机在铲装物料后倒退并调转90°，然后再反方向调转90°并驶向自卸汽车卸料，此种作业法每一循环所需时间长、效率低，对机械磨损也较大。可在车辆出入受作业场地限制，不能采用其他方式时应用，便于运输车辆按顺序就位装料驶离。

二、铲装作业

装载机铲斗与地面平行动臂下铰点一般距地面400mm，在距料堆1m时，下降动臂使铲斗接地，水平切入料堆，当斗装满后把斗提升到所需高度。

（一）一次铲装法

该方法适于铲装松散物料，如松土、煤炭等。装载机一边前进，一边扳动铲斗操纵杆向上转动铲斗。如装满铲斗有困难，可提升一点动臂直至装满，然后退出料堆，提升动臂于适当高度，驶离作业面（图5-2）。

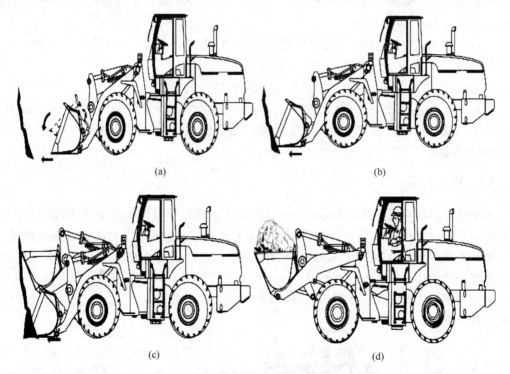

图 5-2　一次铲装法
(a) 第一步；(b) 第二步；(c) 第三步；(d) 第四步

（二）铲斗与动臂配合铲装法

该方法适于铲装流动性较大的散碎物料，如沙、碎石等。当铲斗插入料堆的深度为斗底长度的1/3～1/2时，一边前进，一边间断地向上转动铲斗，并配合动臂提升，使斗齿的提升轨迹大约与料堆坡度的坡面平行，装满铲斗（图5-3）。

图 5-3　配合铲装法

机器以 I 挡向料堆前进，距物料堆前大约 1m 时下降动臂和转斗使铲斗斗底水平接地。缓缓加大油门使铲斗全力切进料堆，当阻力很大时，采用配合铲装法，即间断地操作铲斗，进行上翻和动臂提升，直至装满斗为止。当斗装满后把动臂提升到需要的高度后，铲斗转到最大上翻角，然后将动臂操纵杆和转斗操纵杆回中间位置。进行挖掘作业时，应使斗的两边均匀切进，尽量避免单边切进作业使装载机直对前方，不应使前后车架有角度。

三、搬运作业

装载机一般运输距离在 500m 以内，搬运时应上转铲斗到极限位置，保持动臂下铰接点在距地面 400mm 左右运输。

装载机搬运行驶时，绝不允许提升动臂到最高位置；以下两种情况应由装载机自行搬运。

1）路面过软，未经平整的场地，不能使用卡车运输时。

2）搬运距离在 500m 以内，用卡车运输不合算时。

搬运的车速应根据距离和地面条件，从行驶安全角度出发来决定。为保证搬运安全稳定和良好的视线，应上翻铲斗到最大上翻角（极限位置），并保持动臂下铰点距离地面 400mm 左右。

四、推运作业

推运作业时铲斗应平贴地面向前推进，推进中发现阻碍时可稍微提升动臂继续前进。推运时，下降动臂使铲斗平贴地面，发动机中速运转，向前推进。在前进中，阻力过大时，可稍升动臂或者稍加油门，此时，动臂操纵杆应在上升与下降之间随时调整，不能扳至上升或下降的任一位置不动。同时，不准扳动铲斗操纵杆，以保证推土作业顺利进行。作业时应该密切注视工作液压油的油温，不应升得过高，如过高应停机休息，待油温下降后再工作（图5-4）。

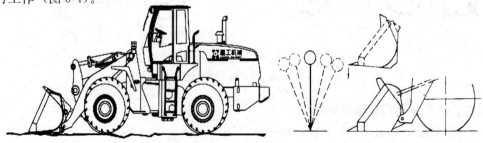

图 5-4　推运作业

五、刮平作业

作业时，应将铲斗前倾翻转到底，使斗板或斗齿触及地面挂后退挡，用刀板刮平地面。对硬质地面，应将动臂操纵杆放在浮动位置；对软质地面应放在中间位置，用铲斗将地面刮平。为了进一步平整，还可将铲斗内装上松散土壤，使铲斗稍前倾，放置于地面，倒车时缓慢蛇行，边行走边铺撒压实，以便对刮平后的地面进行补土压实（图5-5）。

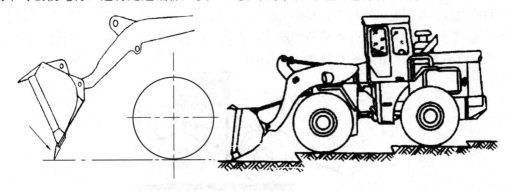

图5-5　刮平作业

六、牵引作业

将拖车连接到牵引销上，铲斗置于运输位置，起步，停止应缓慢，在坡度较大的路上运输时，应注意设置拖平车制动。

做牵引作业前，应先配置合适的拖平板车，必须设置拖平板车制动系统，以确保牵引作业行驶时的安全。

1）将拖平板车牢靠地连接在牵引销上。

2）使铲斗处于运输位置。

3）起步和停车要求动作缓和。

4）下坡前应注意检查制动系统，尤其在坡度较大的道路上运输时，必须有可靠的拖平车制动系统，以保证行驶安全。

七、吊装作业

如果一定要进行吊装作业，则在配置合适的吊具后方可进行吊装作业，绝不允许用钢丝绳吊在斗齿上进行吊装。

八、卸载作业

卸载时，将动臂提升至一定高度（使铲斗前倾不碰到车厢或料堆），对准卸料点，向前推铲斗操纵杆，使物料卸至指定位置。作业时，操作应平稳，以减轻物料对运输车辆的冲击。如果物料粘附在铲斗上，可以提升动臂到一定高度让铲斗在最大下翻角度时，斗底限位块与动臂接触，来回扳动转斗操纵杆，使铲斗震脱物料。

1）向载重汽车或货场倾卸物料时，应将动臂提升至铲斗前翻碰不到车厢或货堆高度为止，前推转斗操纵杆使铲斗前倾卸载。通过转斗操纵杆的控制可全部卸载或部分卸载，卸载时要求动作缓和，以减轻物料对载重汽车的冲击。

2）卸料完毕后动臂操纵杆应前推到下降位置并操纵转斗操纵杆，使铲斗水平接地，以准备下一个循环作业。

九、铲掘作业

铲掘一般路面或有沙、卵石夹杂物的场地时，应先将动臂略为升起，使铲斗前倾。前倾的角度根据土质而定，铲掘Ⅰ、Ⅱ级土壤时，一般为5°～10°，铲掘Ⅲ级以上土壤时为10°～15°。然后一边前进一边下降动臂使斗齿着地。这时前轮可能浮起，但仍可继续前进，并及时向上转动铲斗使物料装满（图5-6）。

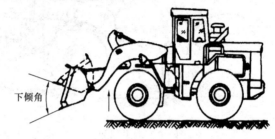

图5-6 一般铲掘作业

铲掘沥青等硬质地面时，应通过操作装载机前进、后退，铲斗前倾、上转，互相配合，反复多次逐渐铲掘，每次铲掘深度为30～50cm（图5-7）。

图5-7 硬质地面铲掘作业

在土坡进行铲掘时，应先放平铲斗，对准物料，低速前进铲装。边上装铲斗边升动臂逐渐铲装。铲装时禁止快速向物料冲击，以防损坏装载机（图5-8）。

图5-8 土坡铲掘作业

第三节 施工安全作业规则

1）装载机适宜装载松散物料（散土、碎石），不得以装载机代替推土机或装岩机去推铲硬土或装大块岩石。

2）装载机作短途（运距在 500m 之内）运输时，应将铲斗尽量放低，斗底离地高度不得超过 400mm，以防倾翻。

3）铲装作业时，装载机应正对物料，前后车架左右偏斜不应大于 20°；铲装中阻力过大或遇有障碍车轮打滑时，不应强行操作并避免猛力冲击铲装物料和铲斗偏载。

4）装卸作业时，动臂提升的高度应超过运输车厢 200mm，避免碰坏车厢或挡板。

5）作业场地狭窄、凸凹不平或有障碍时，应先清除障碍或进行平整。装载机离沟、坑和松软的基础边缘应有足够的安全距离，以防塌陷、倾翻。

6）填塞深的弹坑、壕沟时，装载机卸料的停车位置应坚实（必要时利用铲斗压实），并在车轮前面留有土肩。

7）装载机在工作过程中，操作手一手握方向盘，一手握操纵杆，精力应集中，根据需要及时扳动操纵杆。在铲斗升离地面前不得使装载机转向；装卸间断时，铲斗不应长时间地重载悬空等待。

8）装载机作业时应遵守以下"六不准"：

① 不准用高速挡取货；

② 不准边转向边取货；

③ 不准升高铲斗行驶；

④ 不准在斜坡路面上横向行驶；

⑤ 不准铲斗偏重行驶；

⑥ 不准在升起的铲斗下面站人或进行检修。

第四节 装载机施工作业要点

一、施工作业前

为使轮式装载机能高效地进行工作，必须使工作区域保持良好状况并检查轮胎的充气压力。轮胎的充气压力取决于工况。一般后轮胎的充气压力要稍低些，而前轮胎的充气压力要稍高些。

1）在泥泞的地面不能进行高效率的工作。应使工作区域对着物料堆形成向上的小斜坡，以避免工作区域积水（图 5-9）。

2）若在凹处作业，应使工作区域平整，且清走所有散落或突起的物料（图 5-10）。

图 5-9 堆制斜坡

图 5-10　清走物料

二、装卸作业

（一）装载作业

1）使机器直线对着物料，以垂直方向直接插入，如果铰接式装载机前后车架不成一条直线则会降低铲入力。若机器直线对着物料，以垂直方向接近物料，则铲斗端部的冲击载荷会均匀地扩散，并由整个机器承载从而减小机器受损。且石块因均布载荷更容易装进铲斗（图 5-11）。

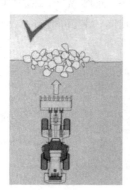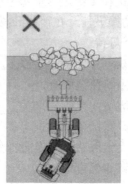

图 5-11　装载物料

2）首先装载物料堆的突出部分

在挖掘作业中，物料堆的形状会随着物料运走而不断变化。应将铲斗中心对准物料堆最突出的部分使铲斗更容易插入物料且减少装载时间。一般地，铲起物料所需的动力为推进力和液压力。如果工作面有大量物料，且开着装载机冲进物料堆，冲击力很大，会使机器出现回弹（图 5-12）。

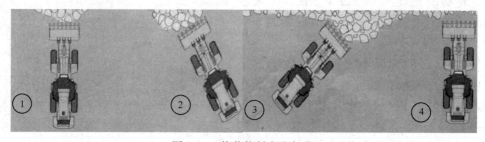

图 5-12　装载物料突出部分

3）合理规划提高装载效率，以使铲斗在推进距离相同的情况下，装进更多物料（图 5-13）。

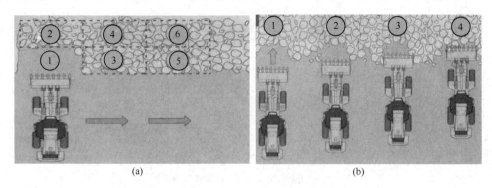

图 5-13　规划装载顺序

（a）效率高；（b）效率低

4）改变装载部位以使前轮胎停在物料堆底部且不得使轮胎越过物料。若在同一部位连续推进铲斗，会损坏轮胎，不能很好地装载物料。如果使机器一直向前推进，两边的物料会倒塌，轮胎将会被砸，或压过物料，这会使轮胎受损且减小推进力（图 5-14）。

5）铲装方法

① 倾斜铲斗

一种装载物料的有效方法是在倾斜铲斗前尽可能多地铲入物料，然后在倾斜铲斗两、三次时使机器向前移动以使铲斗装满。当装载大物料时，使机器用Ⅰ挡速度前进且缓慢推进铲斗（图 5-15）。

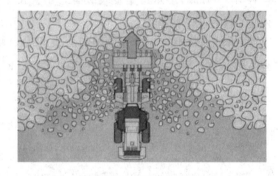

图 5-14　改变装载部位

② 插入时使铲斗稍微向下倾斜是装载物料时的一条基本原则，如果使铲斗呈水平状态插入，则物料不容易装进铲斗，且铲斗底部会很快磨损。

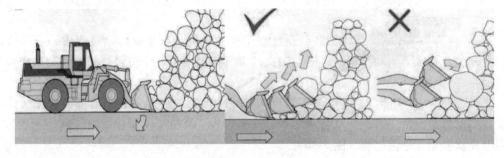

图 5-15　铲装方法 1

③ 微量移动铲斗刀口能使铲起物料变得容易，铲起时将铲斗的中央对准大物料，将大物料装进铲斗的中央。注意：在物料装进铲斗时或在运输作业中物料移动时，会有物料掉出铲斗的危险。

④ 不能使铲斗底部有小的物料，若铲斗底部有小的物料，则大物料不能很好地装在铲斗中。这意味着即使铲齿已完全插入，大物料也可能在铲斗翘起时掉出来（图5-16）。

图5-16　铲装方法2

（二）装车作业

1）装载自卸车时，只有当铲斗的铰接销高于自卸车高度时，驾驶员才能开始卸料。当装载机与自卸车呈垂直角度装载时，不会发生载荷散落或不平衡载荷，可使装载作业效率提高（图5-17）。

2）装载大物料：装载大物料时应首先给自卸车装载小物料，其次要尽可能地降低铲斗高度，以最大限度地减少对自卸车的冲击（图5-18）。

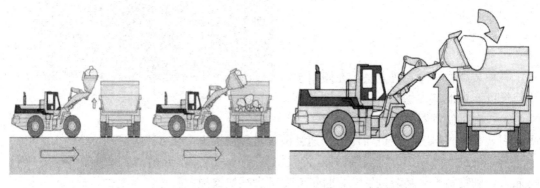

图5-17　铰接销高于自卸车高度　　　　　　　　图5-18　装载大物料

3）装载的基本原则：将物料装载到自卸车斗的中央，在装载作业过程中，打开变速箱切断开关，并踩下制动踏板，以使发动机的全部输出用于液压动力，并加快装载作业进度（图5-19）。

4）从自卸车斗前部开始装载：装载自卸车斗时，第一铲斗先装车前部，并逐铲向后装载。当仅装载大物料时，一旦物料装载后就难以改变其位置。作业中应特别注意载荷是否稳固及自卸车斗是否超载（图5-20）。

5）装完料堆后，用铲斗将载荷轻轻压紧并将顶部推平，以防自卸车在运输过程中散落物料。装载湿土时，载荷容易集中，这会加大自卸车的振动。为避免发生此类事情，应在装载时尽可能地将铲斗降低再卸料（图5-21、图5-22）。

图 5-19　物料装载到车斗中央

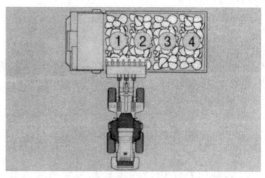

图 5-20　按顺序装载

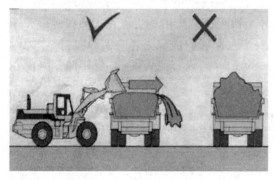

图 5-21　平整载荷

图 5-22　装载湿土

6）在潮湿、泥泞地面上工作

在容易打滑的地面工作时，如果装载机打滑并在地面上颠簸，将不能很好地工作。应尽可能避免突然改变速度，突然转向及突然制动。

第六章 使用保养与维护

第一节 定期保养

装载机在使用过程中极易发生外部摩擦、漏油等损伤，对装载机做定期保养是十分有必要的。定期保养是通过对装载机运行的跟踪检查，有计划地停机维护保养以延长设备的使用寿命，保证设备的工作性能和效率，防止主要机械故障和与之相关的零部件损坏，在故障萌发之前就进行修理，以节约大量维修成本，降低维修难度和工作量。装载机每天保养的内容见表6-1，每周保养的内容见表6-2，每半月保养的内容见表6-3，每月保养的内容见表6-4，每三个月保养的内容见表6-5，每半年保养的内容见表6-6，每年保养的内容见表6-7。

每天保养（10小时） 表6-1

序号	保养内容	工具材料
1	绕机目视有无异常，有无漏油	
2	检查发动机机油油位	
3	检查液压油箱油位	
4	检查灯光仪表	
5	检查轮胎气压及损坏情况	
6	向传动轴加注黄油	压力黄油枪、黄油

每周保养（50小时） 表6-2

序号	保养内容	工具材料
1	紧固前后传动轴连接螺栓	扳手
2	检查变速箱油位	
3	检查制动加力器油位	
4	检查紧急停车制动，如不合适应进行调整	扳手
5	检查检查轮胎气压及损坏情况	
6	向前后车架铰接点，后桥摆动架中间支撑及其他轴承加黄油	压力黄油枪、黄油

每半月保养（100小时） 表6-3

序号	保养内容	工具材料
1	清扫发动机缸头及变矩器油冷却器	
2	检查蓄电池液位，在接头处涂薄层凡士林	
3	检查液压油箱油位	

每月保养（250 小时）　　　　　　　　　　　　　　　　表 6-4

序号	保养内容	工具材料
1	检查轮辋固定螺栓的拧紧力矩	专用工具扳手
2	检查前后桥油位	
3	检查工作装置、前后车架各受力焊缝及固定螺栓是否有裂纹及松动	
4	更换发动机机油（根据油的质量及发动机使用情况而定）	扳手、发动机机油
5	检查发动机风扇皮带、压缩机及发动机皮带松紧及损坏情况	
6	检查调整脚制动及紧急停车制动	

每三月保养（500 小时）　　　　　　　　　　　　　　　表 6-5

序号	保养内容	工具材料
1	紧固前后桥与车架连接螺栓	扳手
2	必须更换发动机机油，更换油滤芯	发动机机油、机油滤芯
3	检查发动机气门间隙	扳手、塞规
4	清洗柴油箱加油机吸油滤网	

每半年保养（1000 小时）　　　　　　　　　　　　　　表 6-6

序号	保养内容	工具材料
1	更换变速箱油，清洗滤油器及油底壳，更换或清洗透气盖里的铜丝	传动油
2	更换发动机的柴油滤清器	柴油滤芯
3	检测各种温度表、压力表	
4	检查发动机进排气管的紧固	扳手
5	检查发动机的运转情况	
6	更换液压油箱的回油滤芯	回油滤芯

每年保养（2000 小时）　　　　　　　　　　　　　　　表 6-7

序号	保养内容	工具材料
1	更换前后桥齿轮油	齿轮油
2	更换液压油，清洗油箱及加油滤网，检查吸油管	抗磨液压油
3	检查脚制动及停车制动工作情况，必要时拆卸检查摩擦片磨损情况	专用扳手
4	清洗检查制动加力器密封件和弹簧，更换制动液，检查制动灵敏性	刹车油
5	通过测量油缸的自然沉降量。检查分配阀及工作油缸的密封性	
6	检查转向系统的灵活性	

　　柴油机预防性保养从每天了解其本身及其系统的工作状态开始。在启动之前，需先进行日常维护保养，检查机油和冷却液面，寻找可能出现的泄漏，松动的或损坏的零件，磨损或损坏的胶带以及柴油机出现的任何变化。

一、检查机油油面

　　检查油面高度需在柴油机停车（至少 5 分钟）后进行，以使机油有充分的时间流回油底壳。当油面低于油尺上"L"（低油面）记号或高于"H"（高油面）记号时，不允许开动柴油机。

二、检查冷却液面

打开散热器或膨胀水箱的加水口盖或液面检查闷头检查冷却液面。

注入冷却液时注满到散热器或膨胀水箱加水口或液面检查口的底面为止。如有中冷器，应打开放气阀，排除冷却液中的空气，冷却液应缓慢加入以防产生气阻。

三、检查传动胶带

用肉眼检查传动胶带是否有纵横交叉的裂纹。沿胶带宽度方向的横向裂纹是允许的，但不允许出现纵向和横向贯穿的裂纹。若胶带磨损或出现材料脱落应予更换。

四、检查冷却风扇

每天均应用肉眼检查风扇有无裂纹，铆钉松动，叶片松动和弯曲等毛病。应确保风扇安装可靠。必要时拧紧紧固螺栓，更换损坏的风扇。

五、排除燃油—水分离器中的水和沉淀物

如有燃油—水分离器则应排除其中的水和沉淀物，直到清洁的燃油流出为止，再关紧阀门。注意，若排出的沉淀物过多，应更换燃油—水分离器以免影响柴油机的顺利启动。

第二节　日常维护与检修

装载机的日常维护与检修的内容包括制动系统（具体内容见表6-8）、工作装置液压系统（具体内容见表6-9）、转向液压系统（具体内容见表6-10）、电器系统（具体内容见表6-11）。

制动系统日常维护与检修　　　　　　　　　　　　　表6-8

序号	故障特征	原因	排除方法
1	制动力不足	① 制动液压管路中有气 ② 夹钳漏油 ③ 制动气压低 ④ 加力器密封件磨损 ⑤ 轮毂漏油到刹车片 ⑥ 刹车片已到磨损极限	① 进行放气 ② 更换夹钳上的密封件 ③ 检查空压机、反馈阀、空气罐及管路密封性 ④ 更换密封件 ⑤ 检查或更换轮毂油封 ⑥ 更换刹车片
2	挂不上挡	① 制动阀故障 ② 压力开关故障	① 检查制动阀 ② 检查接气块上的压力开关
3	制动器不能正常松开	① 制动阀故障 ② 加力器动作不良 ③ 夹钳上分泵活塞不能回位	① 检查制动阀 ② 检查加力器 ③ 检查或更换矩形圈

续表

序号	故障特征	原因	排除方法
4	停车后空气罐压力迅速下降（3min 气压降超过0.1MPa）	① 制阀进气阀门被异物卡住或损坏 ② 管接头松动或管路破裂	① 制动几次吹掉异物或更换制动阀 ② 拧紧接头或更换管子
5	气压表压力上升缓慢	① 管接头松动 ② 空压机工作不正常 ③ 制动阀进气阀门或鼓膜不密封	① 拧紧接头 ② 检查空压机工作情况 ③ 检查或更换制动阀
6	紧急及停车制动力不足	① 制动鼓与刹车片之间间隙过大 ② 刹车片上有油	① 按使用要求重新调整或更换刹车片 ② 清洗刹车片

工作装置液压系统日常维护与检修　　　　　　　　　　　　　　表 6-9

序号	故障特征	原因	排除方法
1	动臂提升力不足或者转斗掘起力不足	① 油缸油封磨损或者损坏 ② 分配阀磨损，阀杆阀体配合间隙过大 ③ 管路漏油 ④ 工作泵严重内漏 ⑤ 安全阀调整不当，系统压力偏低 ⑥ 吸油管及滤油器堵塞 ⑦ 先导安全阀调整不当，先导系统压力偏低 ⑧ 转向双联小泵内漏	① 换油封 ② 修复或者更换分配阀 ③ 找出漏点排除 ④ 更换工作泵 ⑤ 将系统压力调整到规定值 ⑥ 清洗滤油器，并换油 ⑦ 将先导系统压力调整到规定值 ⑧ 更换双联泵
2	发动机高速转动时，转斗或者动臂提升缓慢	① 和上述原因相同 ② 双作用安全阀卡死	① 和上述处理方法一致 ② 检查双作用安全阀

转向液压系统日常维护与检修　　　　　　　　　　　　　　表 6-10

序号	故障特征	原因	排除方法
1	转向费力	① 油温过低 ② 先导油路堵塞 ③ 先导油路连接不对 ④ 转向泵压力低全液压转向器计量电机部分螺栓过紧	① 升温后工作 ② 清洗先导油路 ③ 按规定连接管路 ④ 按规定调节溢流阀块压力 ⑤ 将螺栓放松
2	转向不平稳	流量控制阀动作不灵敏	检修或者更换流量控制阀
3	左右转向都慢	① 调压阀渗漏 ② 转向泵流量不足 ③ 流量放大阀杆移动不到头	① 检修或者更换流量放大阀 ② 检修或者更换转向泵 ③ 调整先导油路压力或者更换弹簧
4	转向一边快一边慢	流量放大阀两边调整垫片个数不对	按规定调整阀杆垫片个数

序号	故障特征	原因	排除方法
5	转向阻力小，转向正常，阻力大，转向慢	① 主油路溢流阀阀座渗漏大 ② 调压阀渗漏大	① 检修阀座或者更换密封圈 ② 检修或者更换阀和密封圈
6	转动方向盘不转向	① 转向器有故障 ② 先导油路溢流阀或者减压阀有故障 ③ 主油路溢流阀故障	① 检修或者更换转向器 ② 检修先导油路溢流阀或者减压阀 ③ 检修主油路溢流阀
7	司机不操作操作杆，装载机自行动作	① 流量放大阀杆回不到中位 ② 流量放大阀固定螺栓太紧 ③ 流量放大阀端盖螺栓太紧 ④ 流量放大阀阀杆阀孔配合不当	① 检修阀杆和复位弹簧 ② 将螺栓放松 ③ 检修或者更换阀杆
8	司机不操作方向盘，装载机自转	① 全液压转向器发套卡死 ② 全液压转向器弹簧片断开	① 清除阀内异物 ② 更换弹簧片
9	装载机高速运转时转向太快	① 流量控制阀调整不对 ② 流量放大阀阀杆动作不灵 ③ 流量放大阀阀杆两端计量孔被堵塞或者孔位不对	① 按规定调整垫片 ② 检修或者更换阀杆 ③ 清洗或者更换阀杆
10	转向泵噪声大，转向油缸动作缓慢	① 转向油路内有空气 ② 转向泵磨损，流量不足 ③ 油的黏度不够 ④ 液压油不够 ⑤ 控制油路溢流阀（减压阀）的调定压力不对 ⑥ 转向油缸内漏	① 发动车子多次左右转动 ② 更换转向泵 ③ 更换正确牌号的油 ④ 加注液压油 ⑤ 按规定调整控制油路溢流阀（减压阀） ⑥ 检修转向油缸或者更换密封件

电器系统日常维护与检修 表 6-11

序号	故障特征	原因	排除方法
1	发电机不发电或者发出的电量低	① 发电机内部故障 ② 发电机皮带过松	① 换发电机 ② 重新调整
2	蓄电池不充电或者充电电流小	① 发电机正极连线脱落 ② 蓄电池连线过松或者脱落 ③ 发电机内部故障 ④ 发电机皮带过松	① 接通电锁不发动，发电机正极应有24V电压 ② 装好并紧固 ③ 更换发电机 ④ 装好并调整
3	蓄电池充电电流过大，时间长	① 蓄电池亏电严重 ② 蓄电池损坏 ③ 发电机负极接地线脱落	开动发电机后，用万用表检查蓄瓶电压，如果充电电流过大而电压在25V以下，则为蓄电瓶问题。如果发电机正极电压在30V以上，应检查发电机负极接地是否正常，将电压表负极接地，正极接发电机负极。如果电压表有电压，则为地线开路，否则为发电机问题。

续表

序号	故障特征	原因	排除方法
4	电传感仪表无指示	① 仪表损坏 ② 传感器损坏 ③ 发电机或者蓄电瓶问题	① 更换仪表 ② 更换传感器 ③ 检查发电机或者蓄电池的端电压是否正常
5	发动机无法启动或者启动困难	① 蓄电池损坏或者电不足 ② 电锁损坏 ③ 线路接触不良或者断路 ④ 启动电机电磁铁开关损坏或者触点有问题 ⑤ 启动电机机械故障 ⑥ 负极开关损坏	① 更换电瓶或者充电 ② 更换电锁 ③ 检查修复 ④ 更换新的电磁开关或者将触点打磨平 ⑤ 维修或者更换新的启动电机 ⑥ 更换负极开关
6	灯具不亮	线路故障	检查开关，保险丝，灯泡线路等并更换
7	仪表指示至最大量程	仪表接地线松脱	重新紧固或者链接好接地线
8	发动机不熄火	① 线路接触不良或者断路 ② 熄火继电器损坏 ③ 熄火电磁铁损坏	① 检查修复 ② 更换熄火继电器 ③ 更换熄火电磁铁

第三节　柴油、机油、冷却液等的选用

装载机经常使用到发动机油、发动机柴油、变矩器/变速箱用油（液力传动油）、驱动桥用油、液压系统使用的抗磨液压油、冷却液、制动液、各铰接销使用的润滑脂，正确选择和使用这些物品对维持各系统的正常运转、降低磨损，延长机器使用寿命具有重要的意义。

一、柴油的选用

应选用品质好的柴油，柴油中水分和机械杂质越少越好，否则易引起滤清器的早期堵塞、零件锈蚀和三大精密偶件的严重损坏。柴油的两大指标：十六烷值，表示其燃烧性能；凝点，表示其低温流动性。在季节气温发生变化时，必须要更换相应牌号的柴油。比如，在零下 10℃ 的情况下，应更换 −10 号柴油。柴油一般根据使用环境的温度进行选用，见表 6-12。

柴油牌号选用表　　　　　　　　　　　　　　　　　　表 6-12

序号	柴油牌号	使用的环境温度
1	5	8℃ 以上的地区使用
2	0	4℃ 以上的地区使用
3	−10	−5℃ 以上的地区使用

续表

序号	柴油牌号	使用的环境温度
4	−20	−14℃以上的地区使用
5	−35	−29℃以上的地区使用
6	−50	−44℃以上的地区使用

二、发动机油的选用

发动机油主要起润滑减磨、冷却、防锈抗腐蚀、密封燃烧室和清洁的作用（图 6-1）。一般应根据发动机和车辆的结构和工作条件来选用发动机油，以下为几条基本原则：

① 根据发动机和车辆的特点，即根据负荷和转速选油。

② 根据发动机生产年代、工作条件苛刻度选油。

③ 机油容量与功率比也是选用内燃机油的因素，机油容量大则对油品的质量要求不苛刻，机油容量小则对机油的质量要求高。一般欧洲生产的发动机体积小、功率大，要求使用质量高的润滑油。

④ 根据地区、季节、气温选油。冬季寒冷地区，应选用黏度小、倾点低的油或多级机油，如我国东北和西北地区；全年气温较高的地区，如我国江南地区，可选用黏度较高的油。

⑤ 根据发动机的磨损情况选油。新发动机应选用黏度小的油，而磨损较大时（间隙增大）则应当选用黏度较大的油。

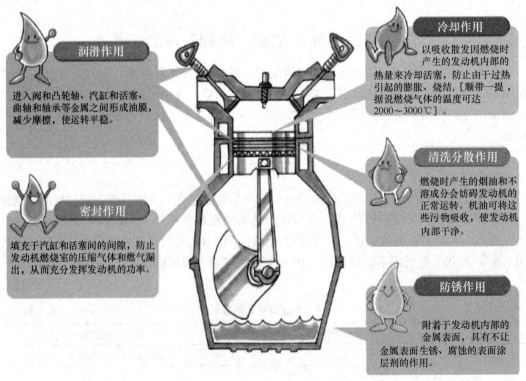

图 6-1　发动机油的作用

以上 5 条原则主要与内燃机油的黏度与质量有关。合理选用机油的黏度和质量级别，对内燃机的正常使用和延长寿命以及节省燃料与机油非常重要，应引起重视，具体使用方法和机油牌号。可参见设备的使用说明书。

三、液力传动油的选用

变矩器/变速箱用油采用液力传动油。

（一）液力传动油作用

1）液力传动油是液力变矩器能量传递的介质。

2）液力传动油可作为变速箱的齿轮和轴承的润滑油。

3）液力传动油可作为变速箱摩擦离合器的液压油。

4）液力传动油可作为变矩器、变速箱的冷却液。

（二）液力传动油使用注意事项

1）注意保持油温正常。油温高，油易氧化，并生成沉积物和积炭，甚至堵塞油道。

2）经常检查油位。正常油面高度在油尺，上下刻线之间或热刻线处。

3）按照设备使用说明书的规定更换液力传动油和过滤器（或清洗滤网）。

4）检查油面和换油时，注意油液的品质（磨料）。

5）换油时应将油底壳和油路（特别是变矩器）清洗干净，按需要量加入新油。

6）不同牌号、不同品种的液力传动油不能混用，同牌号不同厂家生产的也不宜混用。

四、驱动桥用油

装载机驱动桥采用车辆齿轮油。车辆齿轮油的主要作用就是使双曲线齿轮具有良好的承载能力，在低速高扭矩和高速冲击载荷条件下保护齿面，减轻震动和噪声，同时对齿面起润滑、冷却、防腐和清洗等作用。

五、液压油的选用

装载机工作条件恶劣，工作负荷大，油温较高。一般采用高级抗磨液压油 L-HM32 和 L-HM46 型号，低温条件下推荐使用低凝液压油 L-HV32 和 L-HV46 型号。

六、冷却液

冷却液四大功能包括：防冻功能、防垢功能、防沸功能、防腐蚀功能。一般柴油机的冷却液可以用水和 DCA4 化学添加剂或由防冻液和 DCA4 化学添加剂按一定比例配置而成，具体配置参见产品说明书。

发动机产生的热量大约有 30％由冷却液传递到大气中。约 20％的发动机故障与冷却系统的故障有直接关系，在重负荷应用中，约 40％的发动机停机与冷却系统的故障有直接关系。

七、润滑脂

装载机常使用锂基润滑脂，锂基润滑脂具有许多优良性能，其换油周期比钙基润滑脂长 2 倍左右。

附录一 装载机本身的安全标志

土方机械产品自身运动及其工作装置运动都会造成危险，必须在整个生命周期内进行风险防范。因此土方机械产品必须在整机上设有安全标签，保证产品的安全性能（附图 1-1、附表 1-1）。

附图 1-1 安全标志位置

1—动臂安全警告；2—转向安全警告；3—油箱标识；4—操作安全标志；
5—吊钩；6—维修操作安全标志；7—倒车安全标志

附表 1-1

注释	标志	注释	标志	注释	标志
与危害保持安全距离（通用）		与铰接区域保持安全距离		与提升的装载机提升臂和铲斗保持安全距离	

续表

注释	标志	注释	标志	注释	标志
在进入危险区域前，用锁定装置锁住提升液压缸		在进入危险区域前，插好安全锁定装置		连接好安全锁定装置—阅读司机手册	
不要跨接启动发动机		通用安全警告—在进行维修和修理工作前，关闭发动机并取出钥匙		灼伤手指或手—热表面—手与危害源保持距离	
避开压力液体—阅读技术手册中适当的维护程序		电池爆炸—跨接启动—阅读司机手册		机器滚翻的挤压危害—系安全带	
机器倾翻或超载—阅读司机手册		滑移转向装载机的倾翻或超载—阅读司机手册		电力线保持安全距离	

附录二　施工现场的安全标志

安全标志由安全色，几何图形符合构成，是用以表达特定安全信息的特殊标示。设置安全标志的目的，是为了引起人们对不安全因素的注意，预防事故发生。

1）禁止标志：不准或制止人的某种行为（图形为黑色，禁止符号与文字底色为红色）。

2）警告标志：使人注意可能发生的危险（图形警告符号及字体为黑色，图形底色为黄色）。

3）指令标志：告诉人必须遵守的行为（图形为白色，指令标志底色均为蓝色）。

4）提示标志：向人提示目标的方向。

5）导向标志：起导向作用。

6）公路标志：在道路行驶中应遵守的标志。

安全色是表达信息含义的颜色，用来表示禁止、警告、指令、指示等，其作用在于使人能迅速发现或分辨安全标志，提醒人员注意，预防事故发生。

1）红色：表示禁止、停止、消防和危险的意思。

2）蓝色：表示指令，必须遵守的规定。

3）黄色：表示通行、安全和提供信息的意思。

专用标志是结合建筑工程施工现场特点，总结施工现场标志设置的共性所提炼的，专用标志的内容应简单、易懂、易识别，要让从事建筑工程施工的从业人员可准确无误地识别，所传达的信息独一无二，不能产生歧义。其设置的目的是引起人们对不安全因素的注意和规范施工现场标志的设置。专用标志可分为名称标志、导向标志、制度类标志和标线4种类型。

多个安全标志在同一处设置时，应按禁止、警告、指令、提示类型的顺序，先左后右，先上后下地排列。出入施工现场应遵守安全规定，认知标志，保障安全是实习阶段最应关注的事项。学员和教师均应注意学习施工现场安全管理规定、设备与自我防护知识、成品保护知识、临近作业交叉作业安全规定等；尤其是要了解和认知施工现场安全常识、现场标志，遵守管理规定。

一、禁止标志

施工现场禁止标志的名称、图形符号、设置范围和地点的规定，如附表2-1所示。

禁止标志

附表2-1

名称	图形符号	设置范围和地点	名称	图形符号	设置范围和地点
禁止通行		封闭施工区域和有潜在危险的区域	禁止入内		禁止非工作人员入内和易造成事故或对人员产生伤害的场所

续表

名称	图形符号	设置范围和地点	名称	图形符号	设置范围和地点
禁止停留	禁止停留	存在对人体有危害因素的作业场所	禁止吊物下通行	禁止吊物下通行	有吊物或吊装操作的场所
禁止跨越	禁止跨越	施工沟槽等禁止跨越的场所	禁止攀登	禁止攀登	禁止攀登的桩机、变压器等危险场所
禁止跳下	禁止跳下	脚手架等禁止跳下的场所	禁止靠近	禁止靠近	禁止靠近的变压器等危险区域
禁止乘人	禁止乘人	禁止乘人的货物提升设备	禁止启闭	禁止启闭	禁止启闭的电器设备处
禁止踩踏	禁止踩踏	禁止踩踏的现浇混凝土等区域	禁止合闸	禁止合闸	禁止电器设备及移动电源开关处
禁止吸烟	禁止吸烟	禁止吸烟的木工加工厂等场所	禁止转动	禁止转动	检修或专人操作的设备附近

续表

名称	图形符号	设置范围和地点	名称	图形符号	设置范围和地点
禁止烟火	禁止烟火	禁止烟火的油罐、木工加工厂等场所	禁止触摸	禁止触摸	禁止触摸的设备或物体附近
禁止放易燃物	禁止放易燃物	禁止放易燃物的场所	禁止戴手套	禁止戴手套	戴手套易造成手部伤害的作业地点
禁止用水灭火	禁止用水灭火	禁止用水灭火的发电机、配电房等场所	禁止堆放	禁止堆放	堆放物资影响安全的场所
禁止碰撞	禁止碰撞	易有燃气积聚,设备碰撞发生火花易发生危险的场所	禁止挖掘	禁止挖掘	地下设施等禁止挖掘的区域
禁止挂重物	禁止挂重物	挂重物易发生危险的场所			

二、警告标志

施工现场警告标志的名称、图形符号、设置范围和地点的规定如附表2-2所示。

警告标志

名称	图形符号	设置范围和地点	名称	图形符号	设置范围和地点
注意安全	注意安全	易造成人员伤害的场所	当心触电	当心触电	有可能发生触电危险的场所
当心爆炸	当心爆炸	易发生爆炸危险的场所	注意避雷	避雷装置 注意避雷	易发生雷电电击区域
当心火灾	当心火灾	易发生火灾的危险场所	当心触电	当心触电	有可能发生触电危险的场所
当心坠落	当心坠落	易发生坠落事故的作业场所	当心滑倒	当心滑倒	易滑倒场所
当心碰头	当心碰头	易碰头的施工区域	当心坑洞	当心坑洞	有坑洞易造成伤害的作业场所
当心绊倒	当心绊倒	地面高低不平易绊倒的场所	当心塌方	当心塌方	有塌方危险区域
当心障碍物	当心障碍物	地面有障碍物并易造成人的伤害的场所	当心冒顶	当心冒顶	有冒顶危险的作业场所

续表

名称	图形符号	设置范围和地点	名称	图形符号	设置范围和地点
当心跌落	当心跌落	建筑物边沿、基坑边沿等易跌落场所	当心吊物	当心吊物	有吊物作业的场所
当心伤手	当心伤手	易造成手部伤害的场所	当心噪声	当心噪声	噪声较大易对人体造成伤害的场所
当心机械伤人	当心机器伤人	易发生机械卷入、轧压、碾压、剪切等机械伤害的作业场所	注意通风	注意通风	通风不良的有限空间
当心扎脚	当心扎脚	易造成足部伤害的场所	当心飞溅	当心飞溅	有飞溅物质的场所
当心落物	当心落物	易发生落物危险的区域	当心自动启动	当心自动启动	配有自动启动装置的设备处
当心车辆	当心车辆	车、人混合行走的区域			

三、指令标志

施工现场指令标志的名称、图形符号、设置范围和地点的规定如附表 2-3 所示。

指令标志

附表 2-3

名称	图形符号	设置范围和地点	名称	图形符号	设置范围和地点
必须戴防毒面具	必须带防毒面具	通风不良的有限空间	必须戴安全帽	必须戴安全帽	施工现场
必须戴防护面罩	必须戴防护面罩	有飞溅物质等对面部有伤害的场所	必须戴防护手套	必须戴防护手套	有腐蚀、灼烫、触电、刺伤等易伤害手部风险的场所
必须戴防护耳罩	必须戴防护耳罩	噪声较大易对人体造成伤害的场所	必须穿防护鞋	必须穿防护鞋	有腐蚀、灼烫、触电、刺伤、砸伤等易伤害脚部风险的场所
必须戴防护眼镜	必须戴防护眼镜	有强光等对眼睛有伤害的场所	必须系安全带	必须系安全带	高处作业的场所
必须消除静电	必须消除静电	有静电火花会导致灾害的场所	必须用防爆工具	必须用防爆工具	有静电火花会导致灾害的场所

四、提示标志

施工现场提示标志的名称、图形符号、设置范围和地点应符合附表 2-4 的规定。

提示标志   附表 2-4

名称	名称及图形符号	设置范围和地点	名称	名称及图形符号	设置范围和地点
动火区域		施工现场划定的可使用明火的场所	应急避难场所		容纳危险区域内疏散人员的场所
避险处		躲避危险的场所	紧急出口		用于安全疏散的紧急出口处，与方向箭头结合设在通向紧急出口的通道处（一般应指示方向）

五、导向标志

施工现场导向标志的名称、图形符号、设置范围和地点的规定如附表 2-5、附表 2-6 所示。

导向标志   附表 2-5

指示标志图形符号	名称	设置范围和地点	禁令标志图形符号	名称	设置范围和地点
	直行	道路边		停车位	停车场前

续表

指示标志 图形符号	名称	设置范围和地点	禁令标志 图形符号	名称	设置范围和地点
	向右转弯	道路交叉口前		减速让行	道路交叉口前
	向左转弯	道路交叉口前		禁止驶入	禁止驶入路段的入口处前
	靠左侧道路行驶	需靠左行驶前		禁止停车	施工现场禁止停车区域
	靠右侧道路行驶	需靠右行驶前		禁止鸣喇叭	施工现场禁止鸣喇叭区域
	单行路 （按箭头方向 向左或向右）	道路交叉口前		限制速度	施工现场入出口等需限速处
	单行路 （直行）	允许单行的道路前		限制宽度	道路宽度受限处
	人行横道	人穿过道路前		限制高度	道路、门框等高度受限处
	限制质量	道路、便桥等限制质量地点前		停车检查	施工车辆出入口处

交通警告标志 附表 2-6

指示标志 图形符号	名称	设置范围和地点	指示标志 图形符号	名称	设置范围和地点
	慢行	施工现场出入口、转弯处等		上陡坡	施工区域陡坡处，如基坑施工处
	向左急转弯	施工区域急向左转弯处		下陡坡	施工区域陡坡处，如基坑施工处
	向右急转弯	施工区域急向右转弯处		注意行人	施工区域与生活区域交叉处

六、道路施工作业安全标志

在道路上进行施工时应根据道路交通的实际需求设置施工标志，路栏，锥形交通路标等安全设施，夜间应有反光或施工警告灯号，人行道上临时移动施工应使用临时护栏。应根据现行，交通状况，交通管理要求，环境及气候特征等情况，设置不同的标志。常用的安全标志附表 2-7 已经列出，具体设置方法请参照《道路交通标志和标线 第 2 部分：道路交通标志》GB 5768.2 的有关规定执行。

道路施工常用安全标志 附表 2-7

指示标志 图形符号	名称	设置范围和地点	指示标志 图形符号	名称	设置范围和地点
	前方施工	道路边		道路封闭	道路边
	右道封闭	道路边		左道封闭	道路边

指示标志 图形符号	名称	设置范围 和地点	指示标志 图形符号	名称	设置范围 和地点
	中间道路封闭	道路边		施工路栏	路面上
	向左行驶	路面上		向右行驶	路面上
	向左改道	道路边		向右改道	道路边
	锥形交 通标志	路面上		道口标柱	路面上
				移动性施工 标志	路面上

附录三　装载机常见故障排除对照表

一、柴油机常见故障及排除方法

（一）故障现象：发动机无法启动

故障特征	故障分析		排除方法
发动机无法启动	（1）电启动系列故障	1）蓄电池无电或电力不足	充足蓄电池电量或增加蓄电池并联使用
		2）电路接线错误或接触不良	检查接线是否正确和牢靠
		3）保险丝烧坏	检查重新更换保险丝
		4）启动马达碳刷与换向器接触不良	修整或调换碳刷；用水砂纸清理换向器表面并吹净，或调整刷簧压力
		5）电源总开关烧坏或接触不良	检修或更换电源总开关
		6）启动继电器损坏不接触	更换启动继电器
		7）启动钥匙或启动按钮损坏	更换启动钥匙或启动按钮
		8）启动马达齿与发动机飞轮齿圈齿不能啮合	更换马达齿轮或飞轮齿圈
		9）熄火电磁阀不回位	更换熄火电磁阀
	（2）燃油系统故障	1）燃油箱油位过低，低于出油管位置	加注燃油
		2）燃油系统有空气	检查柴油箱到柴油滤芯间、柴油清器到输油泵间、输油泵到高压油泵间各管路及接头是否松动、破损，及时紧固或更换，检查手油泵是否内泄，必要时更换
		3）柴油箱出油滤网、柴油管路、柴油滤清器、手油泵进油接头处滤网阻塞或柴油标号选择不对，气温低起蜡	检查或清洗柴油箱出油口滤网；检查或更换柴油管；检查或更换手油泵进油接头处滤网；检查或更换柴油滤清器滤芯；更换正确标号柴油
		4）喷油泵有故障；不喷油、喷油少或喷油压力低	检修高压油泵柱塞、出油阀偶件，并更换损坏件
		5）喷油器有故障；不喷油、喷油少或喷油不雾化	检修喷油器或更换喷油嘴
		6）调速器熄火手柄不回位	检修熄火手柄或更换熄火拉线
		7）高压油管损坏及漏油	更换高压油管

续表

故障特征	故障分析		排除方法
发动机无法启动	（3）汽缸压缩力不足	1）活塞、活塞环或汽缸套磨损严重	更换活塞、活塞环和汽缸套
		2）气门漏气严重	修理研磨气门或更换气门和气门座圈
		3）汽缸垫严重漏气	更换汽缸垫
		4）存气间隙或燃烧室容积大	检查活塞是否属于该机型，必要时应测量存气间隙和燃烧容积
	（4）喷油提前角过早或过迟，甚至相差180°，发动机喷油不发火或发火一下又停车		检查并重新校正喷油提前角
	（5）配气相位不对		检查并重新校正配气相位
	（6）发动机内燃室内进水或柴油导致无法启动	1）发动机缸套开裂导致燃烧室进水	检修缸套必要时更换
		2）发动机缸盖裂纹或砂眼损坏导致燃烧室进水	检修缸盖必要时更换
		3）发动机气缸垫损坏导致燃烧室进水	更换汽缸垫
		4）喷油嘴不雾化滴油，燃烧室进入大量柴油	检修喷油嘴必要时更换
	（7）发动机抱瓦		检修或更换机油泵；检查各油道
	（8）带负荷启动		将变速操纵杆置于空挡；动臂、转斗操纵杆置于中位再启动
	（9）环境温度过低		根据实际环境温度，采取相应的低温启动措施

（二）故障现象：发动机冒黑烟

故障特征	故障分析	排除方法
发动机排气管冒黑烟	（1）空气滤清器或进气管堵塞造成燃油燃烧不充分	检查并清理空气滤清器滤芯和进气管路，必要时更换空气滤芯
	（2）燃油质量太差造成燃油燃烧不充分	更换合格的燃油
	（3）喷油雾化不良造成燃油燃烧不充分	检查喷油器雾化情况并视其情况调整或更换
	（4）喷油泵供油量过大造成燃油燃烧不充分	对高压油泵进行专业试验、校验
	（5）供油或配气定时不正确（供油时间迟）造成燃油燃烧不充分	根据发动机型号按规定进行调整
	（6）增压器工作失常（有增压器的发动机）	检查修复或更换增压器总成

（三）故障现象：发动机冒蓝烟

故障特征	故障分析	排除方法
发动机排气管冒蓝烟	（1）油底壳机油过多	检查油面，将多余机油放出
	（2）空负荷低速运转时间过长，引起机油窜入气缸内燃烧	尽量减少空负荷低速运转时间
	（3）活塞环组安装方向不对，开口未错开或活塞油环失效，引起机油窜入气缸内燃烧	检查重新装配或更换活塞环
	（4）活塞缸套配合间隙过大	修理或更换活塞、缸套
	（5）活塞环与缸套未磨合好	继续磨合
	（6）气门导管磨损过大，机油从气门导管及气门杆间隙窜入气缸内燃烧	检查气门导管与气门杆间隙，如过大应更换
	（7）增压器密封环或止推轴承磨损或损坏，导致机油从进气管进入气缸内燃烧或进入涡轮壳内燃烧	检查并更换增压器密封环或止推轴承
	（8）增压器回油管路阻塞	清理增压器回油管路

（四）故障现象：发动机冒白烟

故障特征	故障分析	排除方法
发动机排气管冒白烟	（1）燃油质量差，含水分多	更换符合标准的燃油
	（2）气缸中有水	检查气缸盖及气缸垫等零件有无因损坏而引起冷却水渗入气缸的现象，检查后更换损坏件
	（3）冷却水温过低	检查节温器工作温度，必要时更换
	（4）配气或供油时间不对	检查并调整配气或供油时间
	（5）喷油雾化不良	检查喷油器雾化情况并视其情况调整或更换；必要时要对高压油泵进行专业试验台校验
	（6）活塞环或气缸套过度磨损、气缸垫漏气，造成压缩压力低，燃烧不完全	检查活塞环、气缸套、气缸垫并更换损坏件

（五）故障现象：发动机动力不足

故障特征	故障分析		排除方法
1. 发动机动力不足，加大油门转速仍提不高或不能达到额定转速	（1）燃油系统故障；加大油门后功率或转速仍提不高	1）燃油系统有空气	检查柴油箱到柴油滤芯间、柴油滤清器到输油泵间、输油泵到高压油泵间各管路及接头是否松动、破损并紧固或更换，检查手油泵是否内泄，必要时更换
		2）柴油箱出油滤网、柴油管路、柴油滤清器、手油泵进油接头处滤网阻塞或柴油标号选择不对，气温低起蜡	检查或清洗柴油箱出油口滤网；检查或更换柴油管；检查或更换手油泵进油接头处滤网；检查或更换柴油滤清器滤芯；更换正确标号柴油
		3）喷油泵供油不足	检修高压油泵柱塞、出油阀偶件、柱塞弹簧、出油阀弹簧，并更换损坏件

续表

故障特征	故障分析		排除方法
1. 发动机动力不足，加大油门转速仍提不高或不能达到额定转速	（1）燃油系统故障；加大油门后功率或转速仍提不高	4）喷油器雾化不良或喷油压力低	进行喷雾观察或调整喷油压力，并检查或更换喷油嘴偶件
		5）调速器高速调整过低	检查并调整调速特性
	（2）涡轮增压器故障；出现转速下降，进气压力降低，漏气或不正常的声音等	1）增压器轴承磨损，转子有碰擦现象	检修或更换轴承
		2）压气机、涡轮的进气管路污染、阻塞或漏气	清洗进气道、外壳、擦净叶轮；拧紧结合面螺母、夹箍等
		3）涡轮、压气机背面间隙处有积碳、油泥	清洗或更换涡轮、压气机
2. 发动机动力不足，性能下降	（1）进、排气系统故障；比正常情况下排温高，烟色较差	1）空气滤清器阻塞，出现排气管冒黑烟现象	清理或更换空气滤清器滤芯
		2）排气管阻塞或接管过长，半径太小，弯头太多	清除排气管内积碳，重装排气接管，弯头不能多于三个并应有足够的排气截面
	（2）汽缸盖组件故障；此时功率不足，性能下降，而且有漏气，气管冒黑烟，有不正常的敲击声等现象	1）汽缸盖与机体结合面漏气，变速时有一股气流从衬垫处冲出；汽缸盖固定螺母松动或衬垫损坏	按规定扭矩拧紧汽缸盖固定螺母或更换汽缸盖衬垫，必要时修刮结合面
		2）进、排气门漏气	拆检或更换进、排气门、气门座圈，修磨气门与气门座配合面
		3）气门弹簧损坏	更换气门弹簧
		4）气门间隙不正确	重校气门间隙
		5）喷油孔漏气或其铜垫圈损坏，活塞环磨损、断裂或卡住，气门杆咬住，活塞、汽缸套磨损过大或拉伤，引起汽缸压缩力不足	拆检修理，并更换损坏零件
	（3）发动机过热，冷却液温度、机油温度过高，排气温度也大大增高	1）水箱（散热器）冷却液面过低	先检查是否有泄漏然后补充冷却液
		2）水箱（散热器）表面积垢太多，影响散热	清除水箱（散热器）表面积垢，清洗表面
		3）水泵皮带太松造成冷却液循环不够	按规定调整水泵皮带张紧力
		4）水泵叶轮损坏或叶轮与壳体的间隙过大	更换水泵
		5）节温器失灵在规定温度下打不开	更换节温器
		6）风扇皮带太松或风扇距离水箱（散热器）太远，影响散热	按规定调整风扇皮带张紧力或调整风扇与水箱（散热器）的距离

续表

故障特征	故障分析		排除方法
2. 发动机动力不足，性能下降	（3）发动机过热，冷却液温度、机油温度过高，排气温度也大大增高	7）水道不畅通，有堵塞现象。水管在使用一段时间后内壁起皮或安装水管时折弯角度造成冷却液循环不畅	重新安装或更换水管
		8）发动机长时间超负荷工作	停机或怠速冷却
		9）机油冷却器效果不好	检修或更换机油冷却器
	（4）喷油提前角或进、排气相位变动，各挡转速下性能变差		检查喷油泵传动轴固定螺钉是否松动，并应校正喷油提前角后拧紧，必要时进行配气相位和气门间隙检查和调整
	（5）连杆轴瓦与曲轴连杆轴颈表面咬毛；有不正常声音，并有机油压力下降等现象		拆检连杆大头的侧向间隙，看连杆大头是否能前后移动。如不能移动则表示咬毛，应修磨轴颈和更换连杆轴瓦

（六）故障现象：发动机烧机油

故障特征	故障分析	排除方法
发动机机油消耗大，超过正常损耗	（1）使用机油牌号不对	选用规定牌号机油
	（2）长期处于低负荷运转	适当提高负荷
	（3）活塞环与缸套未磨合好	继续磨合
	（4）活塞与缸套配合间隙大	修理或更换活塞和缸套
	（5）活塞环装反、开口未错开、磨损过度或被粘连，使机油窜入燃烧室或燃气进入曲轴箱	更换活塞环
	（6）活塞油环槽或回油孔被积炭阻塞失效	清理积炭或更换活塞油环
	（7）气门导管油封损坏使机油漏入燃烧室	更换气门导管油封
	（8）增压器密封环或止推轴承磨损或损坏，造成机油从进气管进入气缸内燃烧或进入涡轮壳内燃烧	检查并更换增压器密封环或止推轴承
	（9）增压器回油管路阻塞	清理增压器回油管路
	（10）压气机叶轮灰尘过多、污染阻塞会造成增压器压气机端漏油	清理压气机叶轮灰尘
	（11）怠速或空车高速时间太长会造成增压器压气机端漏油	减少怠速或空车高速时间
	（12）油气分离器失效造成增压器进气口、进气管漏油	更换油气分离器

二、变速箱常见故障及排除方法

（一）故障现象：不能行走

故障特征	故障分析	排除方法
装载机挂挡后，车辆不能行走	（1）挡位未挂到位置	重新将挡位挂到位置
	（2）带高低速的定轴变速箱，高低速操纵杆未挂到位	将高低速操纵杆挂到位
	（3）变速箱内油量过少	按规定量加注变速箱油
	（4）变速箱油底滤网或变速泵吸油滤网堵塞	清洗或更换滤网
	（5）变速泵吸油胶管老化起皮堵塞或变速泵吸油管接头松动进气	更换或紧固变速泵吸油管
	（6）变速泵严重内泄	更换变速泵
	（7）变速泵驱动齿轮或驱动轴断裂	更换变速泵驱动齿轮或驱动轴
	（8）变速操纵阀调压弹簧断裂	更换变速操纵阀调压弹簧
	（9）动力切断阀卡死在切断位置	清洗并检修动力切断阀阀杆
	（10）没有压缩空气进入切断气缸（针对带动力切断气缸的机型）	检修制动系统气路
	（11）中间输出齿轮连接螺栓全部切断	更换并重新安装中间输出齿轮连接螺栓
	（12）弹性板与罩轮连接螺栓或弹性板与发动机飞轮连接螺栓全部切断。若出现此故障，工作和转向液压系统也将全部无动作	更换并重新连接被切断的螺栓

（二）故障现象：变速箱等挡

故障特征	故障分析	排除方法
装载机挂挡后，变速压力上升缓慢，要等待几秒钟后才能行驶	（1）变速箱内油量过少	按规定量添加变速箱油
	（2）变速箱油底滤网堵塞或变速泵吸油管堵塞，因进油不畅造成挂挡后反应慢，出现等挡现象	清洗变速箱油底滤网或更换变速泵吸油管
	（3）变速泵进油管接头松动进气	紧固变速泵进油管
	（4）变速泵内泄	更换变速泵
	（5）变速操纵阀调压阀弹簧折断失效或被卡	更换调压阀弹簧或拆检消除卡滞现象
	（6）变速操纵阀蓄能器活塞被卡或进蓄能器油路堵塞	拆检清洗并消除被卡的现象，检查进蓄能器的油路
	（7）动力切断阀回位不良	拆检清洗切断阀阀杆，并检查切断阀阀杆回位弹簧
	（8）如某一挡出现等挡现象，应对该挡油路及密封件进行检查	清理该挡油路或更换该挡密封件

（三）故障现象：挡位挂不上

故障特征	故障分析	排除方法
装载机工作时，挡位操纵杆拉不动，挡位挂不上	（1）变速操纵器损坏	更换变速操纵器
	（2）变速操纵阀阀杆卡死	清洗或更换变速操纵阀
	（3）变速操纵阀固定螺栓紧固不均匀或拧得过紧	重新调整紧固变速操纵阀固定螺栓

（四）故障现象：挂挡有冲击声

故障特征	故障分析	排除方法
装载机作业时，在换挡过程中，若有轻微的冲击声属正常现象、若冲击声较大应查找原因进行处理	（1）变速系统压力过高	应检查变速操纵阀减压阀杆是否卡滞，压力弹簧是否过硬、过长；必要时应清洗或更换
	（2）变速操纵蓄能器卡滞，变速操纵阀节流阀或单向阀小孔油路堵塞	清洗或更换变速操纵阀

（五）故障现象：行走无力

故障特征	故障分析		排除方法
装载机行走时感觉各挡均无力，驱动力不足	（1）变速系统压力低，造成行走无力	1）变速箱内油量过少或油质太差	按规定量加注合格的变速箱油
		2）变速箱油底滤网或变速泵吸油滤网堵塞	清洗或更换滤网
		3）变速泵吸油胶管老化起皮、堵塞或变速泵吸油管接头松动进气	更换或紧固变速泵吸油管
		4）变速泵内泄	更换变速泵
		5）变速操纵阀蓄能器活塞被卡或蓄能器油路堵塞	拆检并清洗变速操纵阀蓄能器
		6）变速操纵阀调压弹簧断开	更换变速操纵阀调压弹簧
	（2）变速器油温过高，造成行走无力	1）变矩器进回油压力低	更换变矩器进回油压力阀弹簧
		2）变速箱内摩擦片过度磨损打滑	更换摩擦片
		3）变矩器油散热器堵塞，散热效果不好	清理、检修或更换散热器
		4）长时间超负荷工作	停机冷却
	（3）变矩器内元件损坏		检修变矩器并更换损坏元件
	（4）超越离合器损坏，打滑		修理或更换超越离合器
	（5）驱动桥故障造成行走无力	1）半轴或轮边支承轴断裂	检查并更换半轴、修理或更换桥壳与轮边支承轴总成

故障特征	故障分析		排除方法
装载机行走时感觉各挡均无力，驱动力不足	（5）驱动桥故障造成行走无力	2）主传动齿轮（大小螺伞）或轴承严重损坏	检查并更换齿轮副或轴承
		3）差速器损坏	检修或更换差速器总成
		4）轮边减速器齿轮或轴承严重损坏	检查并更换轮边减速器齿轮或轴承
	（6）制动器抱死未松开		检查制动器抱死原因并排除

（六）故障现象：无一挡

故障特征	故障分析	排除方法
装载机没有一挡	（1）操纵杆没挂到位置	重新调整操纵杆，将挡位挂到位
	（2）变速操纵阀阀体上一挡油道开裂泄油，压力油不能进入一挡致使无一挡	更换变速操纵阀
	（3）变速操纵阀与变速箱体结合密封垫片一挡油道处损坏泄油，压力油不能进入一挡致使无一挡	更换变速操纵阀与变速箱体垫片
	（4）一挡油缸体开裂或有砂眼，压力油泄漏致使无一挡	更换一挡油缸体
	（5）一挡油缸体与变速箱体结合处密封圈损坏，压力油泄漏致使无一挡	更换一挡油缸体与变速箱体结合处密封圈
	（6）一挡活塞开裂或有砂眼，压力油泄漏致使无一挡	更换一挡活塞
	（7）一挡活塞密封件严重损坏	更换一挡活塞密封件
	（8）一挡轴端密封环损坏	更换一挡轴端密封环
	（9）一挡内齿圈开裂	开箱检查并更换一挡内齿圈
	（10）一挡行星齿轮损坏被卡住	开箱检查并更换损坏一挡行星齿轮
	（11）一挡主被动摩擦片损坏	开箱检查并更换一挡主被动摩擦片

（七）故障现象：无倒挡

故障特征	故障分析	排除方法
装载机只有前进挡，没有倒退挡	（1）操纵杆没挂到位置	重新调整操纵杆，将挡位挂到位
	（2）变速操纵阀阀体上倒挡油道开裂泄油，压力油不能进入倒挡致使无倒挡	更换变速操纵阀
	（3）变速操纵阀与变速箱体结合密封垫片倒挡油道处损坏泄油，压力油不能进入倒挡致使无倒挡	更换变速操纵阀与变速箱体垫片
	（4）倒挡油缸或箱体开裂或有砂眼，压力油泄漏致使无倒挡。（行星变速箱，倒挡油缸是直接在箱体上加工的）	更换倒挡油缸体或变速箱箱体（行星箱）

续表

故障特征	故障分析	排除方法
装载机只有前进挡，没有倒退挡	(5) 倒挡活塞卡住、开裂或有砂眼，压力油泄漏致使无倒挡	更换倒挡活塞
	(6) 倒挡活塞密封件严重损坏	更换倒挡活塞密封件
	(7) 倒挡轴端密封环损坏	更换倒挡轴密封环
	(8) 倒挡内齿圈开裂	开箱检查并更换倒挡内齿圈
	(9) 倒挡行星齿轮损坏被卡住	开箱检查并更换损坏倒挡行星齿轮
	(10) 倒挡主被动摩擦片损坏	开箱检查并更换倒挡主被动摩擦片

（八）故障现象：无一挡和倒挡

故障特征	故障分析	排除方法
装载机只有前进二挡，没有一挡和倒挡（行星式变速箱）	此故障一般是因一挡行星架总成上的直接挡连接盘固定螺栓全部切断或松动脱落，或者直接挡连接盘断裂造成一挡和倒挡扭矩传递不到直接挡，无法输出	修复或更换一挡行星架总成

（九）故障现象：变速箱油温高

故障特征	故障分析	排除方法
变速箱油温过高，超过正常工作温度	(1) 变速箱油量过多或过少	按规定量加注变速箱油
	(2) 用油不当或油液变质	加注标准变速箱油
	(3) 变速箱油底滤网堵塞或变速泵吸油胶管堵塞	清洗变速箱油底滤网或更换变速泵吸油胶管
	(4) 变速泵内泄严重	更换变速泵
	(5) 变速操纵阀压力弹簧断裂，压力低	更换变速操纵阀压力弹簧
	(6) 超越离合器损坏，打滑	修理或更换超越离合器
	(7) 变矩器进回油压力低	更换变矩器进回油压力阀弹簧
	(8) 变矩器内元件损坏	检修变矩器
	(9) 变速箱内摩擦片过度磨损打滑	更换摩擦片
	(10) 变矩器油散热器堵塞，散热效果不好	清理、检修或更换散热器
	(11) 长时间超负荷的工作	停机冷却

三、工作装置和液压系统常见故障及排除方法

（一）故障现象：掉斗

故障特征	故障分析	排除方法
装载机作业时，收斗后铲斗会自然下翻，掉斗	(1) 转斗操纵软轴安装调整不到位，多路阀转斗滑阀阀杆不在中位，油路不能封闭	重新安装调整转斗操纵软轴
	(2) 多路阀转斗滑阀密封件损坏内漏引起掉斗	更换转斗滑阀密封件

故障特征	故障分析	排除方法
装载机作业时，收斗后铲斗会自然下翻，掉斗	（3）多路阀滑阀孔与滑阀杆之间间隙过大	更换多路阀
	（4）转斗油缸大腔过载压力过低	调整转斗油缸大腔过载压力
	（5）转斗油缸大腔过载压力阀卡死或密封件损坏	清洗转斗油缸大腔过载压力阀或更换其密封件
	（6）转斗油缸密封件损坏或活塞松动、油缸拉伤	修复或更换转斗油缸总成或其密封件
	（7）先导阀转斗联阀芯卡滞不能完全关闭，导致转斗油缸大腔的油通过多路阀油口流回油箱	清洗先导阀转斗联阀芯或更换先导阀

（二）故障现象：收斗无力

故障特征	故障分析	排除方法
装载机工作时，动臂操作正常，转斗收斗无力	（1）转斗油缸活塞密封件损坏	更换转斗油缸密封件
	（2）转斗油缸磨损严重或缸筒拉伤	更换转斗油缸缸筒或总成
	（3）分配阀转斗滑阀与阀体配合间隙过大	修复更换转斗滑阀或更换分配阀总成
	（4）分配阀转斗滑阀卡死在泄油位置	拆检清洗转斗滑阀，消除卡滞现象
	（5）分配阀转斗滑阀回位弹簧失效或损坏	更换转斗滑阀回位弹簧
	（6）分配阀双作用安全阀失灵	检查、调整、修复或更换双作用安全阀
	（7）分配阀转斗阀杆操纵软轴损坏或未调整到位	调整或更换转斗阀杆操纵软轴
	（8）先导阀至转斗滑阀先导压力低	检查并排除先导油路有无堵塞
	（9）先导阀损坏	更换先导阀

（三）故障现象：铲斗收不到位

故障特征	故障分析	排除方法
铲斗收斗时收不到位，收斗限位块不能与动臂相撞	（1）摇臂变形	更换摇臂
	（2）拉杆变形	更换拉杆
	（3）拉杆两端轴承、套损坏或拉杆两端销轴孔磨大变形	更换拉杆或其两端轴承、套

（四）故障现象：铲装时自动收斗

故障特征	故障分析	排除方法
装载机在铲装作业时，铲斗遇到物料出现自动收斗现象	（1）转斗操纵软轴调整不当，分配阀壳体油口与滑阀杆油口未全开全闭	重新调整转斗操纵软轴
	（2）双作用安全阀小腔过载阀压力太低	重新调整双作用安全阀小腔过载阀压力

续表

故障特征	故障分析	排除方法
装载机在铲装作业时，铲斗遇到物料出现自动收斗现象	(3) 双作用安全阀小腔过载阀损坏或其密封件损坏	更换双作用安全阀小腔过载阀或其密封件
	(4) 转斗油缸密封件、活塞或缸筒损坏	拆检转斗油缸，更换损坏件或油缸总成
	(5) 带先导液压操纵系统的机型，先导阀转斗联阀芯卡滞	清洗先导阀

（五）故障现象：掉动臂

故障特征	故障分析	排除方法
动臂提升后，自然下沉过快，掉动臂	(1) 动臂操纵软轴安装调整不到位，多路阀动臂滑阀阀杆不在中位，油路不能封闭	重新安装、调整动臂操纵软轴
	(2) 多路阀动臂滑阀密封件损坏内漏导致掉动臂	更换动臂滑阀密封件
	(3) 多路阀滑阀孔与滑阀杆之间间隙过大	更换多路阀
	(4) 动臂油缸密封件损坏或活塞松动、油缸拉伤	修复或更换动臂油缸总成或其密封件
	(5) 压力选择阀内漏，使动臂油缸大腔的油液通过压力选择阀泄漏回油箱	更换压力选择阀
	(6) 先导泵到压力选择阀之间的单向阀损坏或阀芯卡滞	清洗或更换先导泵到压力选择阀之间的单向阀
	(7) 先导阀动臂联下降阀芯卡滞不能完全关闭，导致动臂油缸大腔的油通过多路阀油口流回油箱	清洗先导阀动臂联下降阀芯或更换先导阀

（六）故障现象：动臂提升无力

故障特征	故障分析		排除方法
装载机工作时，动臂提升无力	(1) 收斗和翻斗正常，动臂提升无力	1) 动臂油缸活塞密封件损坏	更换动臂油缸密封件
		2) 动臂油缸磨损严重或缸筒拉伤	更换动臂油缸缸筒或总成
		3) 分配阀动臂滑阀与阀体配合间隙过大	修复更换动臂滑阀或更换分配阀总成
		4) 分配阀动臂滑阀卡死在泄油位置	拆检清洗动臂滑阀，消除卡滞现象
		5) 分配阀动臂阀杆操纵软轴损坏或未调整到位	调整或更换动臂阀杆操纵软轴
		6) 先导阀至动臂滑阀先导油压力低	检查并排除先导油路堵塞物
	(2) 转斗和动臂提升均无力	1) 液压油变质或不符合规定要求，通常也会引起液压油高温	更换符合要求的液压油
		2) 工作泵吸油滤网堵塞或吸油管吸扁造成吸油不畅	清洗、更换工作泵吸油滤网或吸油管

故障特征	故障分析		排除方法
装载机工作时，动臂提升无力	（2）转斗和动臂提升均无力	3）工作泵严重内泄或损坏	更换工作泵
		4）分配阀主安全阀调定压力过低或卡滞，或主安全阀损坏	清洗或重新调整分配阀主安全阀压力，或更换主安全阀
		5）动臂油缸、转斗油缸密封件均老化或损坏	解体动臂油缸、转斗油缸，检查密封件、活塞、缸筒等，并更换损坏件
	（3）带先导液压系统的机型，因先导液压系统原因造成的转斗和动臂提升均无力	1）先导泵内泄或损坏造成先导泵没有正常的压力油提供给先导阀	更换先导泵或先导双联泵
		2）先导溢流阀压力调定太低，造成没有正常的压力油提供给先导阀	重新调整先导溢流阀，使先导压力达到要求
		3）压力选择阀密封件或弹簧损坏，造成先导泵提供的部分压力油通过选择阀回油口流回油箱	更换压力选择阀
		4）先导阀阀芯卡滞或损坏，造成先导阀不能提供正常的压力油推动分配阀阀杆	清洗或更换先导阀

（七）故障现象：工作装置无任何动作

故障特征	故障分析	排除方法
装载机工作时，工作装置，转斗和动臂都没有动作	（1）工作泵吸油滤网严重堵塞，造成液压油无法进入工作液压系统，工作装置无任何动作	清洗或更换工作泵吸油滤网
	（2）工作泵轴扭断	更换工作泵
	（3）分配阀的安全阀损坏	修复或更换分配阀主安全阀
	（4）具有先导液压操纵系统的机型，先导液压系统出现故障	检查先导泵有无油液输出，检查选择阀工作是否正常，是否存在严重泄漏，导致先导泵的油液无法进入先导操纵阀，继而继续排查先导阀是否有油液输出，及油液输出的压力是否足以推动多路阀的阀芯
	（5）变矩器弹性板与变矩器或与发动机连接螺栓全部扭断，此故障出现同时会导致整机无法转向	更换并连接紧固扭断螺栓

（八）故障现象：液压油箱中有沫

故障特征	故障分析	排除方法
装载机在工作时，液压油箱有沫，油液中有气泡	（1）工作泵或转向泵吸油滤网堵塞，造成两泵吸油不畅、进气	清洗或更换吸油滤网
	（2）工作泵或转向泵吸油胶管破裂，造成进气	更换工作泵或转向泵吸油胶管

续表

故障特征	故障分析	排除方法
装载机在工作时，液压油箱有沫，油液中有气泡	（3）工作泵或转向泵吸油钢管有砂眼破裂，造成进气	焊接或更换工作泵或转向泵吸油钢管
	（4）工作泵或转向泵泵轴油封损坏，造成气体从泵轴处进入	更换工作泵或转向泵或起其油封
	（5）工作泵或转向泵驱动轴轴承损坏或跳动过大，造成气体从泵轴处进入	更换工作泵或转向泵驱动轴或其轴承

（九）故障现象：桥异响

故障特征	故障分析	排除方法
装载机在正常作业或行驶中，前桥有异常响声	（1）主被动螺旋伞齿轮间隙调整不当或啮合接触区不良	重新调整主被动螺旋伞齿轮间隙或啮合接触区
	（2）主被动螺旋伞齿轮齿面损坏或轮齿打坏	更换主被动螺旋伞齿轮并调整其间隙和接触区
	（3）主减速器轴承间隙调整不当	重新调整轴承间隙
	（4）差速器行星齿轮垫片或半轴齿轮垫片过度磨损	更换差速器行星齿轮垫片或半轴齿轮垫片
	（5）差速器齿轮或十字轴损坏	更换差速器齿轮或十字轴
	（6）轮边轴承间隙过大或烧坏	调整或更换轮边轴承
	（7）轮边行星轮或太阳轮轮齿打坏	更换轮边行星轮或太阳轮
	（8）轮边齿圈及支承打坏	更换轮边齿圈支承总成
	（9）轮边固定圆螺母松动	紧固轮边固定圆螺母
	（10）主减速器或轮边减速器处缺油	加注润滑油
	（11）前传动轴过桥轴承处缺油或轴承损坏	更换前传动轴过桥轴承或向其加润滑脂

四、转向系统常见故障及排除方法

（一）故障现象：转向重

故障特征	故障分析		排除方法
转向沉重	（1）转向泵进油不畅造成转向重	1）液压油过少	加注液压油
		2）转向泵吸油滤网堵塞	清洗或更换吸油滤网
		3）转向泵进油胶管内层脱落或胶管吸扁后导致吸油困难。出现此故障时一般发动机油门越大，转向越重	更换转向泵吸油胶管
		4）转向泵进气量大	检查转向泵吸油管是否松动或破损，并紧固或更换
	（2）转向泵故障	1）转向泵内泄量大	更换转向泵
		2）转向泵泵轴与其驱动轴连接键损坏，引起工作效率下降	更换转向泵或其驱动轴

续表

故障特征	故障分析		排除方法
转向沉重	（3）转向器故障	1）转向器内钢球单向阀有脏物卡住失效	清洗转向器
		2）转向器内泄量过大	更换转向器
	（4）转向油缸内泄		更换转向油缸密封件并检查活塞是否松动，若松动即紧固
	（5）转向系统工作压力调定过低		按规定调定转向系统工作压力
	（6）带优先阀的双泵合流系统，有限阀杆卡滞或优先阀信号油不畅，导致油液不能根据要求进入转向器		清洗或更换优先阀
	（7）带先导优先型流量放大阀的转向液压系统，先导油路进回油管堵塞，回油不畅，造成阀杆不能到位，引起转向沉重		检查或更换先导油进回油管
	（8）带先导优先型流量放大阀的转向液压系统，先导压力低造成转向沉重	1）先导泵内泄	更换先导双联泵
		2）先导溢流阀先导压力调定过低	按规定调定先导压力
	（9）驱动桥差速器损坏		修理或更换差速器

（二）故障现象：转向失灵

故障特征	故障分析	排除方法
转向时突然出现转向失灵或无转向，但工作液压系统正常	（1）转向器内弹簧片折断	更换转向器弹簧片
	（2）转向器内的定子或转子严重泄漏	更换转向器
	（3）转向油缸密封件严重损坏，转向油缸活塞脱落或活塞杆断裂	更换转向油缸密封件，更换转向油缸活塞或活塞杆
	（4）转向器内拔销折断或变形	更换转向器拔销或转向器
	（5）转向柱与转向器连接块断裂或损坏	更换转向柱与转向器连接块
	（6）带优先阀转向的系统，优先阀阀杆卡滞，导致转向泵排除的油液不能根据要求进入转向器，造成大量油液分流到工作液压系统	清洗或更换优先阀
	（7）带优先阀转向的系统，转向器至优先阀之间的信号口堵塞，导致转向压力信号不能及时准确地发送到优先阀	清洗转向器并检查压力信号油管
	（8）先导型优先流量放大阀转向系统，流量放大阀放大阀杆卡滞或阀杆回位弹簧断裂	检修优先流量放大阀，必要时更换

（三）故障现象：转向甩头

故障特征	故障分析	排除方法
车辆在正常行驶时，因路面高低不平，方向会自动向重心方向偏转	（1）转向器单向阀（小钢球）没有完全关闭	清洗转向器
	（2）转向器转子与定子内漏较大	更换转向器
	（3）转向器过载压力低于安全阀压力，或过载阀密封件、弹簧有损坏	重新调整转向系统工作压力和过载阀压力，更换过载阀或转向器总成
	（4）转向器型号选择不当，排量过小	选择正确排量的转向器
	（5）转向油缸密封件损坏	更换转向油缸密封件
	（6）转向系统回油背压偏低	提高转向系统回油背压
	（7）液压油中有大量空气	查找进气原因并排除

（四）故障现象：方向盘自转

故障特征	故障分析	排除方法
人力不操作方向盘，但方向盘自动转动	（1）转向器的联动轴与转子安装调整不当，此故障一般是转向器拆检后没装好，造成配油错乱	重新安装调整或更换转向器
	（2）转向器进油口单向阀损坏或不起作用，从而引起转向系统油液倒流	检修转向器进油口单向阀或更换转向器
	（3）转向器弹簧片断裂，阀芯阀套不能回到中位，造成人力不操作方向盘，但方向盘自动转动	更换转向器弹簧片

（五）故障现象：转向到死点后打不回来

故障特征	故障分析	排除方法
转向转到死点后，向回转向打不回来	（1）转向转到死点后，转向器阀芯阀套卡死，向回转向打不回来	检修或更换转向器
	（2）先导型优先流量放大转向系统，转向转到死点后，优先型流量阀放大阀阀芯卡死不能回到中位，致使转向打不回来	清洗、检修或更换流量放大阀
	（3）带转向液压限位的转向液压系统，转向转到死点后，转向限位阀阀杆卡死不回位，造成转向转到死点后，向回转向打不回来	清洗、检修或更换转向限位阀

五、制动系统常见故障及排除方法

（一）故障现象：无刹车

故障特征	故障分析		排除方法
无刹车：踏下脚制动踏板后，车辆无刹车迹象	（1）制动气压过低或无气压	1）空气压缩机（气泵）损坏，造成输出气压过低或无输出气压	修复或更换气泵

续表

故障特征	故障分析		排除方法
无刹车：踏下脚制动踏板后，车辆无刹车迹象	（1）制动气压过低或无气压	2）油水分离器组合阀放气活塞卡滞、单向阀失效、调整螺钉松动、止回阀卡滞，造成压缩气体从油水分离器组合阀处泄漏	修复或更换油水分离器组合阀
		3）气泵到脚制动阀间管路或接头漏气，造成制动气压过低或无气压	检查、拧紧气泵到脚制动阀之间的管路和接头，并更换损坏气管和接头或垫片
	（2）脚制动阀密封件或鼓膜损坏，造成制动气体从脚制动阀处泄漏，不能进入加力泵		修复或更换脚制动阀
	（3）脚制动阀到加力泵之间气管或接头漏气，造成制动气体泄漏，不能进入加力泵		检查、拧紧脚制动阀到加力泵之间的气管或接头，并更换损坏气管、接头或垫片
	（4）前后加力泵全部损坏，但故障点不一定相同	1）加力泵气活塞卡死、损坏或其密封件损坏，造成制动气体从加力气缸泄漏，活塞不能移动	修复或更换加力泵气活塞或其密封件
		2）加力泵油活塞或其密封件损坏，造成泄油，制动液无力推动制动钳活塞	修复或更换加力泵

（二）故障现象：刹车抱死

故障特征	故障分析	排除方法
刹车抱死：行车制动不能正常解除。制动钳抱死，活塞不回位，制动摩擦片与制动盘不能脱离。这种故障会出现驱动无力、冒黑烟、有焦糊味等现象	（1）脚制动阀踏板行程限位螺钉调整不当，顶杆使得制动阀活塞不能完全复位，制动时进入加力泵的气体不能排空，有残留压力	重新调整限位螺钉，使踏板上的滚轮刚好接触顶杆为宜
	（2）脚制动阀活塞卡滞或回位弹簧损坏，造成排气不正常	拆检、清洗或更换脚制动阀
	（3）双管路气制动阀顶杆位置不对	重新调整顶杆位置
	（4）加力泵气活塞卡死，不回位，制动液不能正常回流，造成制动钳活塞不能复位	拆检加力泵气活塞上密封件是否损坏卡滞，并更换密封件
	（5）加力泵气活塞回位弹簧损坏，造成气活塞不能回位，制动液不能正常回流，制动钳活塞不能复位	拆检加力泵，更换气活塞回位弹簧
	（6）加力泵油活塞卡死，不回位，制动液不能正常回流，造成制动钳活塞不能复位	拆检清洗加力泵或更换油活塞上密封件
	（7）加力泵回油口堵塞，造成制动液不能正常回流，制动钳活塞不能复位	拆检清洗加力泵
	（8）制动钳活塞卡死，解除制动时不能回位	拆检清洗制动钳，更换制动钳密封件或活塞

（三）故障现象：制动效果不好

故障特征	故障分析		排除方法
制动效果不好：脚制动力不足，制动距离过长	（1）制动气压过低，进入加力泵的气压不足，使制动性能下降	1）空气压缩机（气泵）损坏，造成输出气压过低	修复或更换气泵
		2）油水分离器组合阀放气活塞卡滞、单向阀失效、调整螺钉松动、止回阀卡滞，造成压缩气体从油水分离器组合阀处泄漏	修复或更换油水分离器组合阀
		3）气泵到脚制动阀间管路或接头漏气，造成制动气压过低	检查、拧紧气泵到脚制动阀之间的管路和接头，并更换损坏气管和接头或垫片
	（2）脚制动阀损坏	1）脚制动阀密封件或鼓膜损坏，造成制动气体从脚制动阀处泄漏，进入加力泵的气压低，气活塞移动行程不够	修复或更换脚制动阀
		2）脚制动阀活塞卡滞	修复或更换脚制动阀
	（3）脚制动阀到加力泵之间气管或接头漏气，造成制动气体泄漏，进入加力泵气压低，推动气活塞移动行程不够		检查、拧紧脚制动阀到加力泵之间气管或接头；并更换损坏气管、接头或垫片
	（4）加力泵损坏	1）加力泵气活塞损坏或其密封件损坏，造成制动气体从加力气缸泄漏，活塞移动行程不够	修复或更换加力泵气活塞或其密封件
		2）加力泵油活塞或其密封件损坏，造成内泄，制动液无力推动制动钳活塞	修复或更换加力泵
	（5）制动管路漏油或堵塞，造成制动油液推动制动钳活塞力量不足，从而影响制动效果		检查并更换制动油管
	（6）制动钳损坏或漏油影响制动效果	1）制动钳活塞矩形油封损坏漏油	更换制动钳活塞矩形油封
		2）制动钳活塞卡死或变形漏油	更换制动钳活塞
		3）制动钳体有砂眼漏油	更换制动钳
	（7）制动摩擦片上有油污或磨损超过极限，从而影响制动效果		更换制动摩擦片（若轮毂处漏油造成制动摩擦油污，则应先更换轮毂油封）
	（8）制动液压管路中含有空气		加注制动液并排放液压管路中的空气
	（9）制动系统过热造成制动效果不好		查找制动系统过热的原因并处理

六、电气系统常见故障及排除方法

(一)故障现象：变矩器油温表显示不正常

故障特征	故障分析	排除方法
1. 变矩器油温表指示值低	(1) 变矩器油温表或传感器损坏	更换油温表或传感器
	(2) 环境温度低，机器运转时间短	延长机器运转时间
2. 变矩器油温表指示值高	(1) 变矩器油温表或传感器损坏	更换油温表或传感器
	(2) 变速箱油量过多或过少	按规定量加注变速箱油
	(3) 用油不当或油液变质	加注标准变速箱油
	(4) 变速箱油底滤网堵塞或变速泵吸油胶管堵塞	清洗变速箱油底滤网或更换变速泵吸油胶管
	(5) 变速泵内泄严重	更换变速泵
	(6) 变速操纵阀压力弹簧断裂，压力低	更换变速操纵阀压力弹簧
	(7) 超越离合器损坏，打滑	修理或更换超越离合器
	(8) 变矩器进回油压力低	更换变矩器进回油压力阀弹簧
	(9) 变矩器内元件损坏	检修变矩器
	(10) 变速箱内摩擦片过度磨损打滑	更换摩擦片
	(11) 变矩器油散热器堵塞，散热效果不好	清理、检修或更换散热器
	(12) 长时间超负荷的工作	停机冷却

(二)故障现象：发动机水温表显示不正常

故障特征	故障分析	排除方法
1. 发动机水温表显示值低	(1) 发动机运转时间短	继续运转发动机
	(2) 发动机水温传感器或水温表损坏	更换发动机水温传感器或水温表
2. 发动机水温表显示值高	(1) 发动机水温传感器或水温表损坏	更换发动机水温传感器或水温表
	(2) 水箱(散热器)冷却液面过低	先检查是否有泄漏然后补充冷却液
	(3) 水箱(散热器)表面积垢太多，影响散热	清除水箱(散热器)表面积垢，清洗表面
	(4) 水泵皮带太松造成冷却液循环不够	按规定调整水泵皮带张紧力
	(5) 水泵叶轮损坏或叶轮与壳体的间隙过大	更换水泵
	(6) 节温器失灵，在规定温度下打不开	更换节温器
	(7) 风扇皮带太松或风扇距离水箱(散热器)太远，影响散热	按规定调整风扇皮带张紧力或调整风扇与水箱(散热器)距离
	(8) 水道不畅通，有堵塞现象。水管在使用一段时间后内壁起皮或安装水管时折弯角度造成冷却液循环不畅	重新安装或更换水管
	(9) 发动机长时间超负荷工作	停机或怠速冷却

（三）故障现象：发动机机油压力表显示不正常

故障特征	故障分析	排除方法
1. 无机油压力，压力表指针不动	（1）机油压力表或传感器损坏	更换机油压力表或传感器
	（2）机油泵严重损坏或装配不当卡住	拆检后进行间隙调整，并作机油泵性能试验，必要时更换
	（3）机油压力调压阀失灵，其弹簧损坏	更换弹簧，修磨调压阀密封面，必要时更换
	（4）油道阻塞	检修清理油道
2. 机油压力下降，调压阀无法调整正常，压力表读数波动	（1）油底壳中机油量不足，机油泵进空气	加注机油至规定平面
	（2）机油管路漏油	检修拧紧螺母
	（3）曲轴推力轴承、曲轴输出法兰端油封处，凸轮轴轴承和连杆轴瓦处泄油严重	检修各处，磨损值超过规定范围时应更换
	（4）机油冷却器或机油滤清器阻塞，冷却器油管破裂等；机油密封垫处泄油	及时清理、焊补或更换机油冷却器芯子。如离心式机油精滤器中有铝屑即表示连杆轴瓦金属剥落，应及时拆检连杆轴瓦，损坏的应更换；及时检查和更换密封垫片
3. 发动机冷车有压力，热车压力低（低于标准范围）	（1）使用机油标号不对	使用正确标号机油
	（2）机油变质或油中有水	更换合格机油
	（3）机油泵内泄	更换机油泵
	（4）机油调压阀调压螺栓松动	按规定重新调整机油压力并调紧压阀调压螺栓
	（5）曲轴与大轴瓦间隙过大或磨损	拆检如有轻微拉伤则可经过研磨处理修复后重新使用，若拉伤严重应更换
	（6）摇臂轴与摇臂轴套间隙过大或磨损	拆检如有轻微拉伤则可经过研磨处理修复后重新使用，若拉伤严重应更换
	（7）凸轮轴与凸轮轴套间隙过大或磨损	拆检如有轻微拉伤则可经过研磨处理修复后重新使用，若拉伤严重应更换
	（8）润滑系统管路有轻微破裂	检查各润滑油管并更换损坏油管
4. 机油压力高	（1）机油太稠或使用标号不对	使用正确标号的机油
	（2）机油压力表或传感器损坏	更换机油压力表或传感器
	（3）机油压力调压阀失灵或调定压力高	检修或更换调压阀并按规定调整压力

（四）故障现象：气压表显示不正常

故障特征	故障分析	排除方法
1. 气压表指针显示为零，发动机运转一段时间指针也不动	（1）气压表或传感器损坏	可拆下传感器接线进行搭铁，然后观察，如压力表指针到最大值，则传感器损坏，应更换传感器。如指针不动，则压力表损坏，应更换压力表
	（2）气泵不打气	更换气泵
	（3）管路严重泄漏	检查各管路及接头并更换损坏气管及接头
2. 气压表指针始终指向最大值	（1）气压表或传感器损坏	更换压力表或传感器
	（2）油水分离器组合阀压力控制阀失灵	修理或更换油水分离器组合阀